EXPLORATION AND DISCOVERY
探索与发现

奇妙的物理世界

·生动的文字 ·缜密的思维 ·精彩的图片

曾才友 ◎ 改编

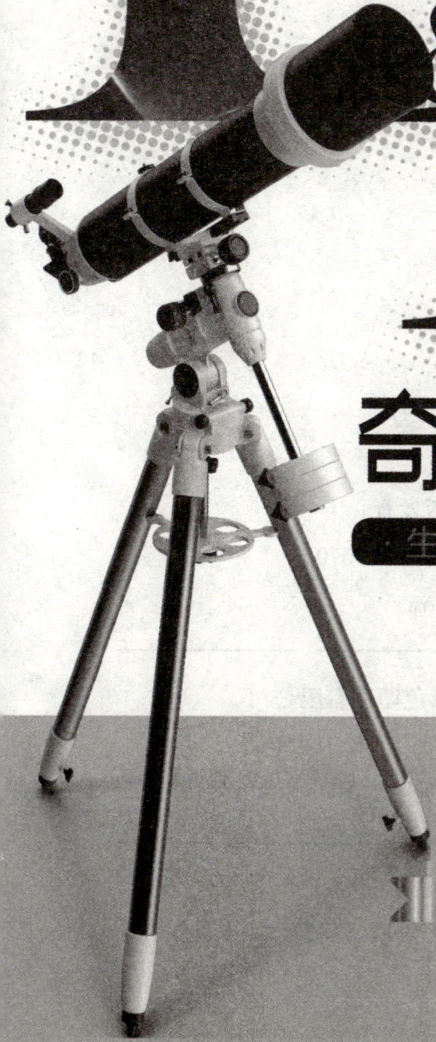

全新
青少年科普读物

上海科学普及出版社

图书在版编目（CIP）数据

奇妙的物理世界 / 曾才友改编. ——上海：上海科学普及出版社，2018
（探索与发现）
ISBN 978-7-5427-7111-7

Ⅰ.①奇… Ⅱ.①曾… Ⅲ.①物理学－青少年读物 Ⅳ.①O4-49

中国版本图书馆 CIP 数据核字（2017）第 283788 号

责任编辑　吴隆庆

奇妙的物理世界

曾才友　改编

上海科学普及出版社出版发行

（上海中山北路 832 号　邮政编码 200070）

http://www.pspsh.com

各地新华书店经销　　北京兰星球彩色印刷有限公司
开本 787mm×1092mm　1/16　印张 13　字数 180 千字
2018 年 8 月第 1 版　2018 年 8 月第 1 次印刷

ISBN 978-7-5427-7111-7　　　定价 29.50 元
本书如有缺页、错装或坏损等严重质量问题
请向出版社联系调换

前 言

物理学是一门非常有趣又有用的自然科学，它研究的内容十分广泛。

在生活中，在我们的身边，就有许许多多的物理现象。例如：汽车为什么不能一下子就停住？为什么针能够停在水面而不沉下去？电动机为什么能转动？轮船的螺旋桨为什么在船尾？世界上为什么没有两片完全相同的雪花？天空和海水为什么是蓝色的？为什么摩擦能起电？避雷针为什么能避雷？电灯泡为什么要做成拱形的？为什么玻璃器皿遇忽冷忽热会裂开？为什么电度表能超负荷运行？为什么不倒翁不会倒？为什么钢笔会出水？为什么拔河比赛不是只比谁的力气大？……

同时，我们人体本身就是一台充分运用物理知识装备起来的机器，它的许多部位或器官都是物理知识运用的体现。

比如说眼睛和耳朵。眼睛是人们观察世界的窗口，它是由在眼球前部凸出的坚韧的透明角膜、含有纤维胶质的透明囊状的晶状体、无色透明的水样液、视网膜及无色透明的胶状玻璃体构成的。它们的共同作用相当于一个凸透镜。从物体射进眼里的光线经过一个凸透镜折射后，在视网膜上形成倒立、缩小的实像，刺激分布在视网膜上的感光细胞，通过视神经传给大脑，于是我们就看见了物体。眼睛不仅能看见近处的物体，而且还能看清远处的物体，当物距改变时，它能靠改变晶状体表面的弯曲程度来改变眼睛这个凸透镜的焦距。因此，眼睛实际上是一种精巧的变焦系统。当

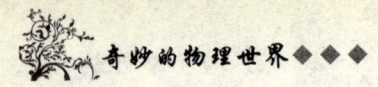

然，眼睛这种调节焦距的调节功能是有限的。近视眼就不能仅靠自身的调节，而必须配以合适的凹透镜来帮助调节，从而达到看清周围物体的目的。

人耳是由外耳、中耳和内耳三个部分组成。外耳是由耳郭和外耳道组成。声音是由物体的振动而产生的一种声波，这种声波首先由喇叭状的耳郭收集进来。有些动物的耳郭可以向各个方向转动，更有利于声波的收集，但人类耳郭上的肌肉已经退化了，所以不能活动。

中耳包括鼓膜、鼓室和听小骨。鼓膜在外耳道的末端，是一片椭圆形的薄膜，厚仅0.1毫米，当外耳的声波通过空气的振动传入时，使鼓膜振动，把声波转变成多种振动的"密码"，传向后面的鼓室。鼓室是一个能使声音变得柔和而动听的小腔，腔内有3块听小骨。听小骨能把鼓膜的振动传给内耳，传导过程还像放大器一样，把声音信号放大10倍，所以即使很轻微的声音人们也能听到。内耳是听觉神经最末梢的部分，中耳传来的声波，刺激听神经的末梢，使之兴奋，经过听神经传至大脑后，就能分辨出各种各样的声音。

千变万化的物理现象，像一个个谜。当我们掌握了必要的物理知识，揭开谜底的时候就会感到物理现象是十分有趣的。

本书就是从我们身边许许多多司空见惯的物理现象入手，并对其进行分析、解密和探讨，让我们一同走进无处不在的物理世界吧，去感受物理的博大精深，奇妙精彩。

目 录
Contents

随处可见的力学
摩擦总是伴随着我们 ………… 1
让我们了解阻力的作用 ………… 2
人与鸟能否比翼齐飞 ………… 3
游泳时要考虑水的物理特性 ……… 5
正确认识质量和重量的物理
　意义 ………………………… 6
拔河比赛中，取胜的一方获胜的
　真正原因是什么 ……………… 7
游乐园里的过山车 ……………… 8
一个塑料袋是折起来重还是装满
　空气重 ………………………… 9
1千克铁和1千克棉花哪个
　重些 …………………………… 10
针能不能浮在水面上 …………… 11
为什么小鸟也会变成"炮弹" …… 11
飞机为什么能飞起来 …………… 12
水流星的秘密 …………………… 14
两艘平行向前疾驶的轮船能够
　互相吸引 ……………………… 15
陀螺旋转时尖足而立却不会

歪倒 …………………………… 16
楼房也能搬家 …………………… 18
钢筋混凝土楼板在运输或施工
　中不可倒放的原因 …………… 19
轮船的螺旋桨为什么在船尾的
　下面 …………………………… 20
气垫船为何能离开水面行驶 …… 20
潜水艇为什么能上浮和下沉 …… 21
煮熟的饺子为什么会浮起来 …… 22
滑水运动员为什么不会沉入
　水中 …………………………… 23
钢铁造的大轮船怎么也能浮在
　水面上 ………………………… 24
汽车和拖拉机的轮胎是
　不一样的 ……………………… 25
拖拉机的后轮要比前轮大 ……… 26
拖拉机的"尾巴"能跷起来 …… 27
万有引力 ………………………… 28
骑赛车省力吗 …………………… 28
神奇的表面张力 ………………… 29
神奇的浮力 ……………………… 33

衣服被刮破为什么总是
　　直角形 ·········· 35
神秘的微重力 ············ 35
奇妙的向心力 ············ 36
惯性—惰性 ·············· 36
超重和失重 ·············· 37
阿基米德举地球 ·········· 38
飞快骑车时单刹前闸好吗 ·· 39
为什么鸡蛋不易用手压碎 ·· 39
不倒翁为什么不倒 ········ 40
笔杆上的小孔有什么用 ···· 41
火箭升天的原因 ·········· 41
露珠为什么是球形的 ······ 41
啤酒为什么容易倒洒 ······ 42
气压计的由来 ············ 43
鸡蛋怎么没熟 ············ 44
到底是谁在动 ············ 44
天平不准确怎么办 ········ 45
雨衣为什么不透水 ········ 46

微妙的热学

溜冰的原理 ·············· 47
冰、水和水蒸气是同种
　　物质吗 ············ 48
井水为什么冬暖夏凉 ······ 48
壶底上的同心圆 ·········· 49
暖气为什么放在窗下面 ···· 49
玻璃杯薄厚的学问 ········ 50
热水冻结快，还是冷水冻结快 ·· 51

车胎为什么会爆 ·········· 52
皮袄为什么让人温暖 ······ 52
热水瓶为什么能保温 ······ 53
怎样把开水冷却 ·········· 54
磨刀的时候为什么要在磨刀石上
　　放一些水 ·········· 54
液化石油气瓶是不能加热的 ·· 55
冬天时铁也能粘手 ········ 56
为什么扇子能扇灭蜡烛，却扇旺
　　了炉火 ············ 56
不可思议的事——纸杯也能
　　烧水 ·············· 57
河里的鱼虾在冬季为什么不会
　　冻死 ·············· 57
鎏金的字不褪色 ·········· 58
冷刀也能"切"除癌肿 ······ 59
夏天打开电冰箱的门,室内
　　为什么不会凉快 ···· 60

神奇的光学

冬天穿深色衣服暖和吗 ···· 61
天空为什么是蓝的 ········ 62
树荫下的小太阳 ·········· 63
冰柱是怎样形成的 ········ 63
筷子放入水中为什么折了 ·· 64
美丽的彩虹是怎么形成的 ·· 64
彩色底片 ················ 65
平静的湖面会像镜子一样
　　反射光 ············ 66

酒杯的彩蝶也会翩翩起舞 …… 67
猫的眼睛在夜间能发光 …… 68
球形鱼缸内金鱼自己会变形 …… 70
神奇的夜光玉 …… 71
人眼睛看物体近大远小 …… 72
照片放在玻璃板下会升高 …… 73
魔术师巧用光学技术 …… 74
H荧光灯为何受到人们的
　重视 …… 75
马路上的绿色信号灯因何要换成
　蓝绿色 …… 77
台灯灯罩最好用半透明材料
　制作 …… 77
无源路灯也能"发光" …… 78
卤钨灯比白炽灯发光效率高 …… 79
荧光高压汞灯为何能改善
　光色 …… 80
霓虹灯会发射彩色光的原因
　是什么 …… 81
无影灯的设计原理 …… 82
激光是一种特殊的光 …… 83
激光加工 …… 84
激光大气通信 …… 86
激光在医学上的应用 …… 87
菲涅耳和光的衍射 …… 88
物体的颜色 …… 89
全息照片 …… 90
奇妙的激光器 …… 91

红外遥感 …… 93
冷光 …… 94
紫外线的发现 …… 95
激光武器 …… 96
光线弯曲 …… 97

美妙的声学

超声波 …… 99
利用超声波可以诱捕老鼠 …… 100
超声波能预测断裂 …… 101
超声波能除尘、去污、消毒 …… 103
超声波能促进植物生长 …… 105
超声波能消灭蚊虫 …… 106
用超声波可以探测海底 …… 107
次声可能成为无形的武器 …… 107
克服声障有什么办法 …… 109
让次声波变敌为友，为人类
　造福 …… 110
声波唤雨的神通 …… 111
水下侦察兵 …… 111
"跳跃"的声音 …… 112
影片中的声音是如何记录的 …… 113

实用的电及电磁学

磁学中的一个谜 …… 115
导体、绝缘体和半导体 …… 116
电子在导体内的运动速度是
　多少 …… 117
天空中为什么会有雷电 …… 118
雷电也能为人类造福 …… 119

摩擦为什么能起电 …… 120
避雷针 …… 121
白炽电灯的发明 …… 122
数字式照相机 …… 123
电子密码锁为何胜过普通锁 …… 123
绝缘体与触电 …… 124
交流电与直流电 …… 125
红外电视能成为监视火情的
　　哨兵 …… 126
机床照明为什么不能用
　　日光灯 …… 127
电动机为什么会转动 …… 128
白炽灯泡、碘钨灯、高压汞灯不能
　　靠近可燃物 …… 130
电度表为何能超负荷运行 …… 132
一颗电子手表上的钮扣电池可供
　　用多长时间 …… 133
电灯泡要做成拱形的原因
　　是什么 …… 134
各种电光源为何都要在真空状态
　　下工作 …… 135
油浸变压器也会燃烧爆炸 …… 136
电线超负荷会发生火灾 …… 138
"电能"可否贮存在水库中 …… 139
身边的电线断落在地上不要跑步
　　离开 …… 140
电磁加工技术的概念 …… 141
磁场能够治病的原因 …… 142

磁浮列车能够腾飞起来 …… 143
高压电力线下不能盖房子 …… 144
电磁铁与门铃 …… 145
超导电性的应用 …… 146
变压器铁芯为何由薄片叠成 …… 148
电子双双成对,结伴而行 …… 149
无线电波如何运载信息 …… 150
有趣的"屏障增益"现象 …… 151
卫星通信 …… 152
无网捕鱼 …… 153
超导电性的发现 …… 153
磁场导航 …… 154

电器中的物理学

电视机里为什么会闯进
　　"不速之客" …… 156
"重演"的实现 …… 157
雷雨大作时最好不要看电视 …… 157
彩电的放置不用考虑方向 …… 159
电视机有时会起火 …… 160
电视台播送彩条的原因
　　是什么 …… 161
看电视时点红灯最好 …… 162
电视机会发生人体感应 …… 163
电视图像出现重影的原因
　　是什么 …… 163
电视机里有时也会发生"闪电"
　　与"雷鸣" …… 164
电视机平时要罩上布套 …… 165

电视机要控制亮度的
　原因 …………………… 167
荧光屏上会产生静电场的
　原因 …………………… 167
普通电视机不能直接收看卫星
　转播节目 ……………… 168
电视机荧光屏为何越小越
　清晰 …………………… 169
常看电视会损伤视力 …… 171
看彩色电视时离屏幕要远些 … 172
看电视也会发生猝死和诱发
　癫痫 …………………… 173
电视图像为何会出现干扰 … 174
数字卫星电视 …………… 175
电缆电视 ………………… 176
液晶显示板可以代替显像管
　显示图像 ……………… 177
放置音箱要选择合适的位置 … 178
电冰箱也会漏电 ………… 180
电冰箱最好不要"冬眠" … 181
电冰箱为何发出"咔叭"声 … 182
电冰箱内要保持干燥 …… 183
电冰箱为何会频繁启动 …… 183

环境温度对电冰箱的影响 … 185
电冰箱会产生噪声的原因 … 186
电冰箱中也会结霜 ……… 187
电冰箱保存食品的原理 … 188
不同种类的食品要选择相对应
　的温度位置 …………… 189
电冰箱为什么要设置箱体门口
　外表除露装置 ………… 191
电冰箱停机时为何有流水声 … 191
电冰箱的放置时要选择合适
　的地方 ………………… 192
搬运电冰箱时一定要小心 … 193
不能用电源插头代替开关
　的原理 ………………… 194
日光灯也会对电视机产生
　干扰 …………………… 195
收音机、电视机开得响不一定
　就耗电多 ……………… 196
调光台灯为何会干扰收音机和
　电视机 ………………… 197
静电也会对家用电器使用效果
　产生影响 ……………… 197

随处可见的力学

摩擦总是伴随着我们

地球上，摩擦现象到处可见，它常给人们带来烦恼：鞋底磨破，衣服变旧，自行车、手表损坏。有人统计，每个人需要把一半左右的收入补偿在多种多样的磨损上。多少年来，摩擦一面与人类为友，造福人类；一面又时刻在消耗人力、物力和财力。特别是工业品，摩擦更是它们的质量和寿命的大敌。据说，美国海军飞机飞行一小时，其磨损的损失比燃料费还要大。在恶劣的环境中，摩擦造成的机器失灵、零件损坏等现象更是屡见不鲜。随着科学技术的提高，现代机械产品向着高速、重载和高温的方向发展，摩擦问题越来越突出，逐渐成为人们研究的重要课题。这样，在人们同摩擦作斗争的过程中，就出现了一门新兴的边缘学科——摩擦学。

通俗地说，摩擦学是研究两个物体表面摩擦、磨损和润滑三方面相互关联的科学和技术的总称。两个物体的接触面的物质不断损失，发生一系列物理、化学和力学等变化。摩擦学就是通过研究物体摩擦表面的变化，提出相应的技术措施，减少或消除不必要的材料和能量损失，设计出各种新型的机械产品和润滑产品。因此，摩擦学是涉及数学、力学、物理学、化学、冶金学、机械工程学、材料科学和石油化工等多种学科领域的一门综合性的边缘学科。

摩擦学的研究对象极为广泛，包括典型摩擦件的设计，如轴承、齿轮、蜗轮、密封件、离合器等。摩擦件材料和表面处理技术的选用，还包括各种润滑材料和润滑技术的选择，对机器磨损事故分析、磨损监测和预报等。现在，摩擦学的研究已经涉及人类关节的运动和

轮胎与地面的摩擦使汽车向前行驶

心脏瓣膜的跳动，形成了生物摩擦学和摩擦心理学等分支。最近，有人根据地壳移动学说，联系到山、海和断层的形成，认为火山爆发、地震的发生也同摩擦学有关。这就是所说的"地质摩擦学"。

摩擦学作为一门应用性的技术学科，具有很大的经济价值。世界能源总量的大约1/3最终表现为某种形式的摩擦而消耗。若能减少一些摩擦，就可节约大量能源。近年来，各工业发达国家都非常重视研究和开发摩擦学，调查本国的摩擦学现状。他们得出共同结论：如能在工业上推广运用摩擦学的现有知识，差不多可以增加国民总产值的1%，这是非常惊人的数字。

让我们了解阻力的作用

说阻力无用，似乎是理所当然；说阻力有用，人们就会疑惑顿生了。这是因为无用的阻力为人们所熟知，有用的阻力往往没有引起人们的注意。

水的阻力阻碍游泳运动员游进。但是你可曾想过，游泳时如果没有手向后划行克服水的阻力而产生的反作用力，运动员就不能前进；跑步时如果不是脚蹬地面克服阻力，则地推人向前的反作用力也无从产生；跳水运

动员入水后如果不是受到水的阻力和浮力,就会一沉到底,后果莫测。

有些运动员克服阻力还是他的目的。克服杠铃重量正是举重运动员所追求的;拉开拉力器的弹簧,是提高肌肉力量者的心愿;至于拔河,实际上是一场克服阻力的比赛。

在我们所克服的阻力中,物理学上把它分为两类。

游泳也是一种克服阻力的运动

(1)弹力和重力,被称为保守力,因为克服弹力和重力做功,会把其他形式的能转变为弹性势能或重力势能"储存"起来。比如,射箭运动员拉满弓时,他克服了弓的弹力做功,使弓的弹性势能大大增加;手一松开,弹力就对箭做功,使箭获得动能而离弦飞出。又如,体操运动员在单杠上做大回环向上转动时,就要克服重力做功,增加人体的重力势能;向下转动时,重力势能就发挥作用,使身体迅速转动。一般说来,向上回环时重心离杠越远(如呈手倒立姿势),效果越好。

(2)阻力,如摩擦阻力和媒质阻力,克服这些阻力后功都转变为热能而损耗掉,并没有储存起来。也就是说,"摩擦势能"是不存在的。不过,发热并非都没有用,如雪与雪板之间的摩擦热会使冰溶化,形成数微米厚度的水膜,起润滑作用,于是运动员才能滑行如飞。

人与鸟能否比翼齐飞

人类自古以来就向往像鸟一样在蓝天翱翔。据《后汉书》记载,我国在1900多年前就有人用大鸟羽毛制造成翅膀试验过飞行。直到17世纪，欧洲还有人试图这样模仿鸟类飞行，但都未能成功。这是为什么呢？

经过长期研究，人们终于弄明白：人的肌肉力量与鸟类比较，相对来说要小得多，因为靠双臂来扇动翅膀，是无法克服自身重量，进行有效飞行的。扑翼飞行的失败，并不能阻挡人类飞向天空的探索。

1783年，人们利用轻于空气的飞行器——气球，第一次升上了天空。随着生产技术和科学的发展，人们又在重于空气的飞行器方面探索。开始也进行过扑翼机的研究。但是由于鸟类飞行时翅膀的运动十分复杂，限于当时的生产技术水平，还不能提供轻而坚固的材料和高效率的动力，这种尝试仍未成功。后来，还是鸟类的翱翔（不需扇动翅膀）和风筝的飞行给人以启示，终于采用固定机翼的形式，于1903年发明了世界上第一架有动力的载人飞机，实现了人类飞行的理想。

像鸟一样飞翔

飞机发明的100多年来，航空事业有了飞速发展。今天，千姿百态的飞机飞向蓝天，为国防和国民经济服务着，乘坐飞机已成为极普通的事了。不过，人们感到乘坐飞机并不能享受在蓝天自由飞翔的乐趣。于是，许多航空爱好者们绞尽脑汁进行扑翼飞行的研究。苏联曾制成一种"机械鸟"，它以一台小电动机为动力，扇动两只3米长的涤纶薄膜翅膀，便可轻盈地飞上天空。这种扑翼机可用于体育运动，也可用于军事侦察和通讯联络，引起全世界各国航空界的极大关注。我们相信，科学技术高度发展的今天，人类一定能实现像鸟一样在广阔的蓝天中自由飞行的美好理想！

游泳时要考虑水的物理特性

人在游泳时，水的物理特性对人体产生很大的影响。水的特性主要有以下两个方面：一个是水的导热性和热容量比空气大；另一个是水的浮力、压力和阻力比空气大。停留在水中能使温度较高的机体散热，水温越低，机体散热越多。身体没于水中的部分越多，散热越多，消耗的能量也就越多。人在12℃的水中停留4分钟，要消耗100千卡（1千卡=4.18千焦）的热，相当于在同温的空气中1小时内所散的热量。因此在水中不宜停留过长时间，否则会出现皮肤发紫或发生寒颤等反应。

根据阿基米德浮力原理，物体在水中所受水的浮力等于此物体所排开同体积水的重量。因此，密度比水的密度小的东西是能浮在水面上的。水的密度为1克/厘米^3，人体的密度在正常吸气时为0.96~0.99克/厘米^3，在呼气后为1.02~1.05克/厘米^3，所以人体

浮　力

能在水中浮起。水的密度比空气的大820倍，在1米深的水中，每平方厘米机体表面要受到0.1个大气压（1标准大气压=101.32千帕）的压力，即物体在每平方厘米的面积上要比在空气中多承受100克的压力。这对几百平方厘米的胸腔面积来说，在水中所增加的压力是很可观的。所以游泳能提高人的呼吸机能。

人在水中游泳，还要受到水的反作用。在流体力学中称为流体阻力。人体在水中所受到的阻力与速度的平方和身体垂直于运动方向的最大截面

积都成正比,所以,游泳时身体姿势越是接近水平,阻力就越小。头部采取正确位置,四肢正确地蹬、划水,不但能减少水的阻力,而且使游泳速度加快。

初学游泳者要想尽快掌握游泳规律,了解水的这些物理特性是很必要的。

正确认识质量和重量的物理意义

质量和重量是物理学中的两个基本概念。它们的物理意义是截然不同的。

质量指的是物体所含物质的多少。它是物体本身的基本属性,不随物体的形状、温度、状态而改变,也不随物体的位置而改变。质量为1千克的物体,不论把它放在赤道还是北极,它的质量都不会发生变化,即使把它拿到别的星球上去,它的质量也仍然保持原来的数值。

质量是只有大小没有方向的量。质量的基本单位是千克(也叫公斤),它是以保存在法国巴黎国际度量衡局的由铂铱合金制的圆柱体——千克原器为基准的。我们平时买米、买菜,总要用秤(不包括弹簧秤)称一称,称的就是米和菜的质量。

地球上物体的重量表示物体受到地球吸引力的大小,它不是物体本身所固有的。重量也叫重力。重力有大小也有方向,重力的方向就是引力的方向,它总是垂直向下。同一物体在地球上的不同位置,它的重量是变化的;在不同的星球上,它

太空失重现象

的重量就更不同了，比如，把一个物体从地球拿到月球上去，由于月球对物体的吸引力只有地球的1/6，所以，物体的重量就只有原来的1/6了。

在实际应用中，重量的单位与质量单位是一样的。正因为如此，这两个概念常被混淆。

其实质量与重量是既有区别又有联系的两个量。它们的联系是，质量越大的物体重量也越大。实际上，物体受到的重力即物体的重量跟它的质量是成正比的；质量增大几倍，重量也增大几倍。左手提1千克苹果，右手提5千克苹果，你会感到右手的苹果比左手的重多了。

拔河比赛中，取胜的一方获胜的真正原因是什么

在运动场上，甲乙两队运动员正在进行拔河比赛。双方队员尽力拉，两边的指挥用力挥旗，观众也大声呼喊："加油！加油！"经过一场激烈的拉锯战，甲队终于获胜。人们纷纷向甲队祝贺，还有人竖起了大拇指："还是甲队队员力气大！"在拔河比赛中，取胜的一方是因为力气大吗？

回答这个问题之前，我们先做个实验：找两个弹簧秤，把两个秤钩互相勾挂起来，请甲乙两人各拉一个弹簧秤。这时，仔细观察两个弹簧秤的读数，你会发现，尽管甲乙两方拉来拉去，

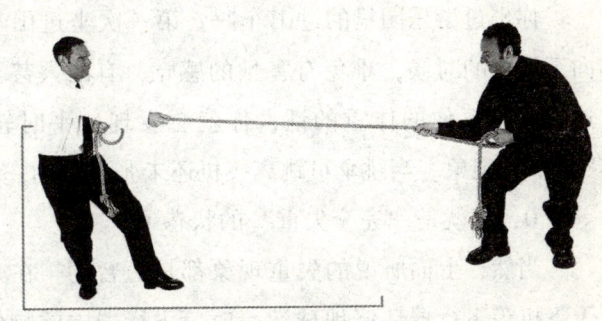

拔河比赛

各有胜负，但是两个弹簧秤上的读数总是相等的，取胜的一方的绝不比失败一方的读数大。如果甲不用力，只让乙用力拉，两个弹簧秤的读数也仍然是相等的。

这说明，在拔河比赛中，甲队拉乙队的力和乙队拉甲队的力是一对大

小相等、方向相反的力。那么，为什么会有一方能取胜呢？取胜的秘密是什么呢？

假设让甲队队员都穿上旱冰鞋，乙队队员穿鞋底粗糙的轮胎底鞋，那么取胜的便不再是甲方。甲队队员不管使多大力气，结果都会被乙方拉过去。

可见，决定拔河胜负的并不是双方向后拉的力，而和脚下的摩擦力密切相关。拔河的时候，只要努力加大脚和地面的摩擦力，同时不要让对方向前拉倒，就不会被对方拉过去。这就需要用力蹬住地面，身体向后倾倒。由于人的体重越大，和地面的摩擦力就越大，因此拔河比赛总要找体重大的人参加，运动员也总爱穿鞋底粗糙的鞋。

因为拔河比赛不能真正比出谁的力气大，所以正式体育比赛项目没有拔河，拔河只能成为一项游戏性的体育活动。

游乐园里的过山车

你坐过游乐园里的过山车吗？第一次坐过山车的人，当车从高处飞速向下滑行的时候，难免有害怕的感觉，有的人甚至惊叫起来。假如能够在这时称一下你的体重的话，你就会发现比平时轻了。这就是人们常说的"失重"现象。当跳伞员跳离飞机还未张开伞的一段时间里，跳伞员的体重等于0，这就是"完全失重"的状态了。

当然，上面所说的失重现象都是短暂的。在人造卫星、宇宙飞船或航天飞机等飞行器环绕地球运行时，飞行器中的物体，包括宇航员，都会处于长时间的完全失重状态。在那里，物体对它的支持物完全失去了压力，可以静止在任何位置上；你也分不清头朝上还是头朝下；茶杯里的水倒不进嘴里，水和茶杯会一齐悬浮在空中；你也无法用手去比较哪个物体轻，哪个物体重。

在失重状态下，人们熟悉的许多物理现象完全变了。比如说沉淀吧，这是我们生活中最常见的一种物理现象：密度大的悬浮物质沉到液体的底层。这是由于悬浮物与液体的密度差异引起的。地球上应用沉淀现象来分离重量不同的物质，自来水厂通过沉淀来澄清河水，去除泥沙。但在失重状态下，情况却完全不同，沉淀现

过山车

象不再出现，水与泥沙将相互融合形成均匀的混合物。科学家利用这一特性，在宇宙中，利用人造飞行器的失重条件，制成了一些地球上无法混合在一起的多元混合材料、多元半导体材料及铅—铝合金等。

一个塑料袋是折起来重还是装满空气重

两个相同的塑料袋，一个折起来，一个装满空气，哪个重一些呢？你如果以为装满空气塑料袋会重些，那就错了。

一个塑料袋里装满了空气，似乎应该重一些，但不要忘记它同时又排开了相同体积的空气。因为装了空气所增加的重量，刚好等于它排开空气所产生的浮力，两者相抵消，结果还是一个塑料袋的重量；而折起来的塑料袋，没有装空气，不增加重量，但它也不多排开空气，因而也不多受浮力，仍是一个塑料袋的重量。所以，两个塑料袋一样重，你若有天平，可以称称看。

1千克铁和1千克棉花哪个重些

如果问:"1千克铁和1千克棉花,哪个重?"你或许会脱口而出:"既然都是1千克,当然是一样重呀!"严格地说,这个答案是有问题的。

我们称重量总是在空气中称,一般谁也不会到真空中去称铁和棉花,而真空中的重量才是物体的真实重量。我们必须了解,一个物体不但在流体里要受到浮力的作用,在气体里也要受到浮力的作用。因此,铁和棉花在空气中都受到空气的浮力作用失去了一部分重量,这部分重量分别等于它们各自排开的空气重量。这样,铁和棉花的真实重量就得加上这部分重量才行。就是说,都得加上它们各自排开的空气的重量。那么:

1千克铁的真实重量 = 1千克 + 铁排开的空气的重量;

1千克棉花的真实重量 = 1千克 + 棉花排开的空气的重量。

从上面两个式子可以看出:由于铁的体积小,排开的空气重量就小一些,所以它的实际重量会轻一些。轻多少呢?你一定已

天平测重

经从上面的式中看出来了,其实就是铁与棉花排开的空气的重量差。

因此,在空气中称量时,在不相等的浮力作用下,看起来重量相等的两个物体,把它们放在真空中称量,它们的重量是不等的。体积大的物体重些,体积小的物体轻些。

针能不能浮在水面上

把一根不带锈的缝衣针小心地平放在水面上，它能像软木塞一样，浮在水面上。这的确很难使人相信，因为铁的密度是 7.8 克/厘米³，是水的 7.8 倍，针又是实心的，怎么能浮在水面上呢?

针确实能浮在水面上，这已经不能再用阿基米德浮力原理来解释了。因为两者的根据是不同的。

一般的针，表面都有一些油，把带油的针轻轻地放在水面上，由于带油的针不沾水，它压在水面上，针下的水面就会形成一个凹下的小槽。因为液体的表面都有收缩到最小面积的趋势，这个凹槽便产生一个恢复原来平直形状的张力，叫做"表面张力"。正是表面张力使针托在水面上，而不是水的浮力把针浮起来，实际上针根本没有浸入水中。

不单是缝衣针，像硬币或薄铁片类的小东西，只要放得得法，都可以浮在水面上。

为什么小鸟也会变成"炮弹"

1960 年 10 月 4 日，一架美国的"伊莱克特拉"式涡轮螺旋桨式客机，从波士顿起飞不久，撞上了一群惊鸟，几只惊鸟钻进了发动机，整架飞机顿时失去了平衡，一头栽到机场附近的一个水塘里，62 人死亡。这是历史上由于飞鸟引起的飞机失事事故中最严重的一次。

1978 年 10 月 9 日，我国空军四架喷气式飞机奉命起飞，其中一架刚刚抬起前轮，准备升空，一只老鹰向机头飞来，一晃就不见了，同时听见发动机里发出了异常的声响。马上停机检查，原来是老鹰钻进了气道，7 片叶片已经变形。

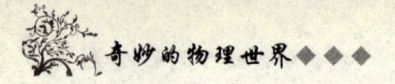

1980年6月8日，在印度的加尔各答附近，一只小鸟和一架波音737飞机相撞，在机翼上撞出一个约0.67米^{2}的大洞。

飞鸟对飞机的危害，远远不止这些。据美国统计，自1965年以来，由于同飞鸟相撞，引起机上人员稍受伤害或者飞机稍受破坏的所谓"破坏性鸟撞"，每年平均达350起以上。

鸟和飞机相比实在是太渺小了，怎么会威胁飞机的安全呢？

原来，物体运动的速度越快，它的动能就越大，动能与速度的平方成正比。飞机高速飞行，迎面碰上一只小鸟，虽然鸟的速度不快，但从相对运动的观点，可以把飞机看成是静止的。小鸟是高速运动的，它具有很大的动能，因此小鸟撞在飞机上，飞机就像被一颗小炮弹轰击一样。

再有，现在喷气式飞机上所用的发动机，主要有涡轮喷气发动机和涡轮螺旋桨发动机两种。不论哪一种，都要从周围吸进大量的空气才能工作，因此它们的进气孔都开得很大，飞行起来，不断地吸进迎面来的空气，吸力是相当大的。如果飞鸟正好在飞机附近飞行，就会身不由己地跟空气一起被吸进发动机里去。飞鸟虽然是柔软的骨肉之躯，但在高速的撞击下，它的破坏力极大；再加上喷气发动机内部结构十分精密，飞鸟撞进去，就算发动机零件没有受到严重的损伤，可是发动机的工作过程也会受到严重的影响。而发动机正是飞机的关键部分，一旦受到伤害，飞机就会丧失前进的动力，造成失事。

据统计资料表明，喷气式飞机撞鸟和吸鸟的事件，亚洲发生得最多，美洲次之，欧洲最少，而且这些事件主要发生在900米以下的低空，600米以下是最危险的区域。所以说，事故主要是发生在飞机起飞和着陆的时候。

飞机为什么能飞起来

简单地说，飞机是重于空气的飞行器，当飞机飞行在空中时，就会产生作用于飞机的空气动力，飞机就是靠空气动力升空飞行的。

飞机的升力绝大部分是由机翼产生，尾翼通常产生负升力，飞机其他部分产生的升力很小，一般不考虑。空气流到机翼前缘，分成上、下两股气流，分别沿机翼上、下表面流过，在机翼后缘重新汇合向后流去。机翼上表面比较凸出，流管较细，说明流速加快，压力降低。而机翼下表面，气流受阻挡作用，流管变粗，流速减慢，压力增大。于是机翼上、下表面出现了压力差，垂直于相对气流方向的压力差的总和就是机翼的升力。这样重于空气的飞机借助机翼上获得的升力克服自身因地球引力形成的重力，从而翱翔在蓝天上了。

机翼升力的产生主要靠上表面吸力的作用，而不是靠下表面正压力的作用，一般机翼上表面形成的吸力占总升力的60%～80%，下表面的正压形成的升力只占总升力的20%～40%。

翱翔在云海中的飞机

飞机飞行在空气中会有各种阻力，阻力是与飞机运动方向相反的空气动力，它阻碍飞机的前进。按阻力产生的原因可分为摩擦阻力、压差阻力、诱导阻力和干扰阻力。

（1）摩擦阻力——空气的物理特性之一就是黏性。当空气流过飞机表面时，由于黏性，空气同飞机表面发生摩擦，产生一个阻止飞机前进的力，这个力就是摩擦阻力。摩擦阻力的大小，决定于空气的黏性，飞机的表面状况，以及同空气相接触的飞机表面积。空气黏性越大、飞机表面越粗糙、飞机表面积越大，摩擦阻力就越大。

（2）压差阻力——人在逆风中行走，会感到阻力的作用，这就是一种压差阻力。这种由前后压力差形成的阻力叫压差阻力。飞机的机身、尾翼等部件都会产生压差阻力。

(3)诱导阻力——升力产生的同时还对飞机附加了一种阻力。这种因产生升力而诱导出来的阻力称为诱导阻力,是飞机为产生升力而付出的一种"代价"。

(4)干扰阻力——它是飞机各部分之间因气流相互干扰而产生的一种额外阻力。这种阻力容易产生在机身和机翼、机身和尾翼、机翼和发动机短舱、机翼和副油箱之间。

以上四种阻力是对低速飞机而言,至于高速飞机,除了也有这些阻力外,还会产生波阻等其他阻力。

水流星的秘密

杂技演员用一根绳子兜着两个碗,里面倒上水,迅速地旋转着做各种精彩表演,即使碗底朝上,碗里的水也不会洒出来。这里面的道理,可用圆周运动来解释。

当碗绕着手旋转时,碗里的水就产生一个离心力,使水紧压着碗底;同时水还有它自身向下的重力。当碗底朝天时,离心力和重力的方向是相反的,如果使离心力大于或等于重力,水就不会从碗里流出来。

水流星

离心力的大小与物体做圆周运动的线速度有关,运动速度越大,离心力就越大。因为转动的频率越高,转动半径越大,线速度就越大。所以杂技演员在表演时,都是用较长的绳子,以较高的频率来转动。如果用很短的绳子,慢慢地转,演出非失败不可。

两艘平行向前疾驶的轮船能够互相吸引

1912年秋天,当时世界上最大的远洋轮船"奥林匹克"号和铁甲巡洋舰"哈克"号相距100米并行。突然,有一股巨大的力量迫使两船靠拢,两艘船上的舵手发现了两船在急速靠近,都采取了果断措施,竭力反向转舵,但已无济于事,两船仍然撞在了一起。"哈克"号的船头撞在"奥林匹克"号的船弦上,把"奥林匹克"号撞了个大洞,造成了一起重大的海上交通事故。为此,海事法庭以"奥林匹克"号没有给"哈克"号让路为理由,判"奥林匹克"号船长为失职罪。

可是,科学家们不同意这种判决,他们认为"奥林匹克"号船长是无罪的,这个意外事故,主要是流体的性质所造成的。根据伯努利原理,液体的压强跟它的流速有关系,流速越大,压强就越小。当"奥林匹克"号和

两船相撞

"哈克"号并排航行时,在它们之间形成了一条水沟,这里的海水虽然没有向前移动,而船却向前高速行驶着。从相对运动的观点来说,这相当于海水高速向后移动。而两船外侧的海水,虽然也相当于向后移动,但比起两船之间的海水来说,流速要慢得多。因此两船外侧海水对船弦的压力大得多,正是这个压力差,把质量较小的"哈克"号推向"奥林匹克"号。所以"奥林匹克"号船长的确应该是无罪的。

这种事故以前是经常发生的,不过在大船没出世以前,这种现象还不严重。现在大轮船多了,必须非常重视这种现象,避免发生意外。

和伯努利原理有关系的现象很多，如正在飞速前进的火车，对车外就会产生一种"吸力"。有人计算过，当火车时速为50千米时，人站在火车近旁，这个力竟有8千克，它足以把人吸向火车一边。因此，站在正在飞速行驶的火车旁边是非常危险的。

陀螺旋转时尖足而立却不会歪倒

高速旋转的东西有一个特性，就是它能保持转轴的方向不变。这个特性就叫陀螺的稳定性。陀螺转起来以后总能保持着转轴向上，虽然它脚下很尖，却也不倒。

陀螺的稳定性是转动惯性的一种表现。为了揭开陀螺稳定性的秘密，不妨再分析一下用纸板和火柴棒做的那种简易陀螺：它转起来以后，能尖足着地。这是因为，圆盘转起来以后，各部分都有了水平方向的速度。运动惯性要保持原速度的方向不变。对纸板的各部分来说，由于这个向心力是沿着水平盘面作用的，因而速度方向的改变，只限于在水平盘面内发生，并不会发生偏上偏下的变化。也就是转动的纸板部分都要保持在水平面内运动，使得转动平面和轴线的方向保持

旋转的陀螺

不变。当把旋转的陀螺抛向空中时，只在轴上加了力，没有在转动平面上加力，所以转动轴的方向不会改变。

总之，陀螺的稳定性就是陀螺在高速旋转后，如不受外力作用，转轴在空间的方向不变，这个特性在各种机械上用途甚多。

自行车便是向陀螺学习的一种机械：两个轮子就像两个陀螺，只有转起来才不倒。轮子转得越快，稳定性就越高，车就越不易倒。轮子转慢，稳定性就差。

钻头旋转起来，有转动惯性，能保持它转轴的既定方向，打起孔来就不易歪。

在风浪中颠簸的轮船，为了减少轮船的摇摆，人们在船舱的底部装上很重的飞轮，让它高速转动，由于飞轮能保持自己的转动轴线方向不变，轮船就有力地抵抗了风浪的影响。大家知道，惯性与质量有关，质量大，惯性就大。转动惯性也是这样，旋转体的质量大了，转动惯性也就会增大，因此，机器上的飞轮都做得比较重。

由于飞轮的转动惯性大，使它转动起来以后，再改变它的转速就不那么容易——大飞轮比较容易保持均匀稳定的转速。这在许多机器上是极有用的，例如手扶拖拉机的发动机是柴油机，柴油机气缸中的四个冲程中，只有爆发冲程做功，柴油机使出的力总是一下一下的冲击力，曲轴的转动就会不均匀，甚至无法转动。有了巨大的飞轮情况就不同了，转动起来也就均匀多了。

要使质量大的旋转体减速乃至停止转动，由于它的转动惯性很大，需要的阻力也就比较大。正像使飞驶的火车减速，由于其惯性很大需要的阻力很大一样。根据作用力的原理，质量大的旋转体会对阻碍它转动的物体产生巨大的反作用力。利用这一点，可以使机械为我们做功：冲床、剪床上的大飞轮就能成为大力士。

舰船在浩瀚的大海里，飞机在茫茫的天空中，航天器在无限的太空内，都需要随时知道自己的航向、姿势、位置和速度。根据陀螺的特性，人们制造了陀螺仪，让它来当向导。

人造地球卫星上天以后，不能东倒西歪，任意翻滚，必须让它保持一定的姿态。这样，天线就应当总是对准地球。怎样让人造卫星的姿态稳定呢？人们想到了利用陀螺使人造卫星绕着规定的轴总是指着规定的方向，这就保持了一定的姿态。但是，天线跟着转就不能对准地球了，怎么办？就让天线和必要的部分沿着同一个轴反方向旋转，这样，天线就总是对准地球了。这就是人造地球卫星的"双旋稳定技术"。

楼房也能搬家

在工业和城市建设中，经常会遇到一些已有的完好的建筑物与设计规划发生矛盾，在这种情况下，人们往往只得"忍痛割爱"，将那些仍然能够使用的建筑物拆掉，这无疑是极大的浪费。面对这样的现实，人们可能会问：是否可以把整幢房屋进行迁移，而不必拆除呢？1937年，在莫斯科人们就大胆进行了这样的尝试。有一幢五层楼房迁移了74米，使用的工具只不过是三台10吨的卷扬机和相应的滑轮组。目前，房屋整体迁移的技术正在不断完善和扩大应用。

把整幢房屋迁移的方法，是在房屋的底部用由工字钢组成的框架把房屋支承起来，然后用钢管作为滚动部分，在钢管下面沿着迁移方向铺设如同铁路一样的路轨，以减少钢管滚动时的阻力。房屋迁移牵引的动力，适移距离不超过25米时，可采用由集中控制的液压千斤顶，但当距离较大时，则用卷扬机并配以相应的滑轮组。当长距离迁移时，更经

楼房搬家模拟图

济的办法是采用滚轮来代替钢管。每组滚轮上都装有千斤顶，以便在迁移过程中，当路轨基础产生不均匀沉降时能随时调整，使房屋同时保持在同一个水平面上。美国有一幢宽约20米、高约14米的砖混结构的仓库，就是采用这样的方法迁移了1千米。

房屋在迁移时，是否需要加固呢？实践证明，即使对于那些砖砌或大型砌块建成的强度较小的房屋也没有这种必要。这主要是因为房屋迁移的速度很低，一般控制在每小时8～10米，而当采用千斤顶作为动力时只有1米，因此在迁移过程中事实上对房屋只能产生极小的震动。据测试，一辆电车在房屋近处经过时所产生的震动，也要比房屋迁移时产生的震动大2～3倍。

钢筋混凝土楼板在运输或施工中不可倒放的原因

钢筋混凝土楼板是房屋建设中不可缺少的构件，它由钢筋和混凝土两种不同性质的材料组成。混凝土的抗压能力较强，但抗拉能力却很弱，钢筋的抗拉和抗压能力都很强。把它们结合在一起，使钢筋承受拉力，混凝土承受压力。

由于楼板的自重和承重，会使楼板发生弯曲，使楼板上部成为受压区，下部成为受拉区。在制作混凝土楼板时，就将钢筋放在受拉区内，这样便能充分利用两种不同材料的特长，可大大节省钢材和水泥。如果在运输或施工中不注意，将楼板翻过来，就会使没有钢筋的受压区变成受拉区，稍有一些重量，便会使楼板折断，因此，钢筋混凝土预制楼板在运输或施工中不可反向倒放。

轮船的螺旋桨为什么在船尾的下面

我们都知道螺旋桨式飞机为什么能直飞云霄，那是因为飞机有一个螺旋桨，靠着螺旋桨的带动，飞机能很快地起飞。飞机的螺旋桨是我们都能看得见的，有的在飞机的上面，有的在飞机的前面。

轮船也有一个螺旋桨。它和飞机一样，都要靠螺旋桨的推动。螺旋桨的样子就像家里用的电扇。但是，它要比电扇大得多呀。只是轮船的螺旋桨装在轮船的尾部下面。

船用螺旋桨

为什么轮船的螺旋桨要装在船尾的下面呢？道理很简单，当轮船的机器开动后，螺旋桨就飞快地在水里转动，形成一种动力，所以船就在海上开起来了。就好像小朋友在公园的湖面上坐脚踏游船的道理一样。

气垫船为何能离开水面行驶

公园里我们会看到许多不同的船。比如，脚踏船、鸭子船、快艇和木船。这些船全都是在水里开的，在水里划的。可是，你们知道吗？有一种能离开水面的船，这种船叫气垫船。

气垫船为什么离开水面还能向前开呢？原来，在这种船里有几部很大的鼓风机，鼓风机会压缩空气，由船底周围的环形通道喷出来，以很大的压力向下冲向水面，就好像小朋友跳蹦床玩一样，当你用力跳在蹦床上时，蹦床会用力地把你向上弹出去，这就是作用和反

气垫船

作用的道理。根据这个道理，气垫船得到向上的反作用力，而这个反作用力能够把船体托起，船体就被抬出水面，然后，利用空气螺旋桨产生推力，来推动船向前开。这就是气垫船离开水面行驶的道理。

潜水艇为什么能上浮和下沉

普通的船舰，只能在水面上航行。可是潜水艇却能像鱼一样，既可以在水面上航行，也能够沉到海洋深处，在水里潜伏前进。

潜水艇为什么能够下沉和上浮呢？

潜水艇沉浮和鱼沉浮的道理相似。鱼在水中能沉能浮，是因为鱼腹中有两个气泡样的东西，叫做"鱼鳔"。鱼一会儿游到水面，一会儿潜入水里，它的肌肉也时张时收，与此同时，鱼鳔也一起收缩或膨胀。鱼就是靠鳔内充气多少来控制在水中的沉浮的。

我们都有这样的经验：当一只球充满气体时，就能漂浮到水面，一旦气体排空，球就会像秤砣一样，直沉水底。同样道理，当鱼鳔收缩的时候，鳔里的气体被挤出来，鱼体略略地缩小，水对鱼的浮力也减小了，鱼就沉入水的深处。

潜水艇两侧备有可以充水的大水箱，大水箱用钢铁制成，可以人工放水、吸水。当潜水艇需要下沉的时候，人们就打开进水阀门，让海水灌满水箱，这时潜水艇的重量大于它所受到的浮力，就会沉下去。当潜水艇需要上浮的时候，只要用机器把大量的压缩空气压进水

潜水艇

箱，把水箱中的水赶出去，潜水艇逐渐变轻，重量小于它所受到的浮力，就可以浮出水面了。调节水箱的水量，使潜水艇的重量等于它所受到的浮力，潜水艇就可以自由自在地潜浮在水中行驶了。

煮熟的饺子为什么会浮起来

煮饺子时，随着炉子加热，锅中的水和饺子都慢慢地热起来了。由于物体受热要膨胀，饺子和水也不例外。但不同物体受热膨胀的程度是不同的：即有的膨胀快，有的膨胀慢。饺子膨胀速度比水快，这样它们的体积很容易就增大了很多（熟饺子通常是胀得饱饱的，比生饺子大得多）。但是饺子的重量并未增加，而体积增大后，单位体积的质量即密度就减小了。根据阿基米德原理我们可以知道：浸没在液体中的物体所受的浮力，等于同体积大小的液体的重量。当饺子煮熟时，饺子馅和饺子皮都充分膨胀，这时饺子的密度小于水的密度，同体积大小的饺子的重量小于同体积水的重量，因此，饺子受到的浮力大于自身的重量，于是浮起。所以只有在饺子煮熟了，即饺子馅和饺子皮都充分膨胀以后，才能浮起来。吃浮起来的饺子，当然不会有夹生的顾虑了。

饺子煮熟浮起来以后，当它稍冷时，为什么又会沉下去呢？原来膨胀快的物体，收缩得也快。当水冷下来后，饺子比水收缩快得多。这样一来，收缩后的饺子，单位体积的重量又增加了，所受到的水的浮力也随之减小。减小后的浮力，已经不足以浮起单位体积重量已增加的饺子，于是饺子便又沉入锅底了。

滑水运动员为什么不会沉入水中

看到滑水运动员在水面上乘风破浪快速滑行时，你有没有想过，为什么滑水运动员站在滑板上不会沉下去呢？

原因就在这块小小的滑板上。滑水运动员在滑水时，身体总是向后倾斜，双脚向前用力蹬滑板，使滑板和水面有一个夹角。当前面的游艇通过牵绳拖着运动员时，运动员就通过滑板对水面施加了一个斜向下的力。而且，游艇对运动员的牵引力越大，运动员对水面施加

滑水运动

的这个力也越大。因为水不易被压缩，根据牛顿第三定律（作用力与反作用力定律），水面就会通过滑板反过来对运动员产生一个斜向上的反作用力。这个反作用力在竖直方向的分力等于运动员的重力时，运动员就不会下沉。因此，滑水运动员只要掌握好技巧，控制好脚下滑板的倾斜角度，就能在水面上快速滑行。

钢铁造的大轮船怎么也能浮在水面上

现代的大轮船都是用钢铁造成的,同体积的钢比水重6倍多,船里所载的货物如粮食、机器、器材等也都比同体积的水重得多。为什么船载了这么重的东西还能漂浮在水面上呢?

原来,浸在液体里的物体,要受到向上的浮力,其大小等于物体排开液体的重量。如果浸在水中的物体的体积是 V,水的比重是 d,则浮力 $F=Vd$。

钢的比重大,实心的钢块在水中自然是要沉下去的,但造大船时,并不是把钢块堆积起来,而是使轮船中的大部分是空的。要增加水的浮力,由上面公式可知,可以增加体积 V,也可以增加比重 d。实际上水的比重 d 基本上是不变的,那就只有增大体积 V 了。

巨轮破浪前进

我们可以做个小试验来说明这个问题:把一张薄薄的铁片放在水里,它很快就沉下去了;如果把这张铁片做成一个盒子,重量没有改变,它却能浮在水上;而且,即使在盒子里再装些东西,盒子也仅仅下沉一些,仍能浮在水面上。这是因为铁盒子的体积比铁皮的大得多,排开水的重量也大得多,所得浮力也大多了。只要浮力大于铁皮重量,铁盒就不会沉下去。浮力随着物体浸没在水里部分体积的增大而增大,所以盒子里装了东西还能浮在水面上。大轮船内部造成空的,体积 V 就大大增加了,因此钢铁造的大轮船能浮在水面上。

物体浮沉的定律,是两千多年前古希腊的学者阿基米德发现的,他准确地说:"作用于水中物体上的浮力的大小等于物体所排开水的重量。"

船越大,吃水越深,就意味着船所排开水的重量越大,船所得的浮力也越大,也就可以装载更多的东西。

汽车和拖拉机的轮胎是不一样的

汽车和拖拉机都具有行走机构,而轮式拖拉机与汽车又都有胶轮。车轮的作用不外乎四个方面:①导向,引导车辆行驶方向,一般前轮起这种作用;②驱动,使车辆行驶,产生一定的驱动力,一般后轮起这种作用;③支撑,无论行进还是停止,车体都需要有车轮支撑;④减震,充气轮胎富有弹性,对路面适应性好,能降低行驶中的振颤。有些大功率的汽车和拖拉机,往往是四轮驱动,即前轮和后轮都产生驱动力,这样,车轮与地面的附着力增大,提高行驶功能。

汽车和轮式拖拉机都有轮胎,轮胎的作用又都相同,但为什么轮胎的结构不一样呢?原因是它们的用途不同、行驶条件不同。汽车主要用于运输,路面的条件一般比较好,平坦、坚硬,所以轮胎多用平纹;拖拉机主要用于农田作业,路面的条件一般比较松软,有的又十分泥泞,所以轮胎多用高花纹。同样是轮式拖拉机,在旱田作业与在水田作业又不同,它们的轮胎也有区别。

轮式拖拉机作业时,通过驱动轮胎与地面的良好接触才能产生一定的牵引力,并使拖拉机以一定速度运动。

汽车轮胎

对于旱地拖拉机来说，轮胎可能发挥的牵引力，在正常的路面，正常工作的范围内与驱动轮胎的实际承载重量接近正比关系。就是说，越重动力越大。然而，对于水田拖拉机来说，越重反而越易打滑、下陷，因土壤过于松软，所以，水田同旱田拖拉机的轮胎不能一样。一般来讲，水田拖拉机多采用普通高花纹水田轮胎或窄胎体高花纹轮胎，目的是增加土壤附着力，提高驱动性能和行走性能，防止打滑陷车，完成耕作任务。

我国南方双季稻区秋冬耕作时，由于土壤脱水期短，水田常处于湿田状态，平均含水量为45%左右，这时必须采用窄胎高花纹轮胎，以减少积泥，增大附着力。如果安装汽车常用的轮胎，必然寸步难行。

拖拉机的后轮要比前轮大

在四轮拖拉机上，后轮比前轮直径大、轮胎宽，而且花纹也不一样。这是因为前后轮的作用不同。

前轮的作用除支撑外，主要是导向，引导前进或后退的方向，所以又叫导向轮。操纵方向盘转向时，要求用力小，灵活轻便，因此前轮直径小，气压高，胎面窄，而且是纵向布置的条状花纹，这样在转向时就不易因侧滑而增加转向困难。

后轮的作用除支撑外，主要是驱动，驱使拖拉机前进或后退，所以又叫驱动轮。驱动轮直径大、气压低、胎面宽，而且多是凸起的"人"字形花纹。之所以这样，有三点理由：①拖拉机的大部分重量由驱动轮承受，因此，只有大直径的

拖拉机

车轮才能承受大的载荷；②拖拉机在松软土地上作业时，由于本身重量大往往使整机下陷，增加了滚动阻力，驱动轮必须比导向轮大而且气压也低；③拖拉机工作的特点是重载低速，要求具有较大的驱动力。而驱动力大小，不仅与发动机本身的功率有关，而且还与驱动轮和地面的相互作用有关。拖拉机经常行驶的地面多是松软潮湿的农田耕地，为增大地面对驱动轮的反作用，轮胎胎面宽，而且有凸起的"人"字形花纹，像短跑运动员穿钉鞋一样，以增强前进的动力。在水田作业，凸起的花纹还要更高。不这样，就会产生原地滑转现象，如车轮陷在泥坑里，俗称"打滑"，不仅不能产生驱动力，反而把发动机本身的功率都白白地消耗掉，可谓费力不讨好。

拖拉机的"尾巴"能跷起来

拖拉机和汽车不同。汽车运输主要是依靠车厢装载货物或乘客，有时也长个尾巴——挂车，目的是增加运量。拖拉机主要是从事农田作业，耕地、播种、中耕、收获等等。要完成这些作业，单有拖拉机不行，还必须有与之配套的作业机具，俗称配套机具。配套机具是指工作幅宽、外形尺寸和所需动力大小，都与拖带它的拖拉机相适应的农机具。这些农机具就是拖拉机的"尾巴"。

有些"尾巴"，比如悬持犁、悬挂播种机、悬挂中耕机等，在作业或运输中能够自动起落，降下去又跷起来，这是什么原因呢？关键就是在拖拉机上装有液压系统，依靠液压泵、控制阀、执行元件等组成的简易传动系统。由于液体压力，驱使农机具升降，以及调整耕作深度。以悬挂犁为例，一般有一个液缸控制升降。大型折叠式悬挂犁，则有5个液缸，1个控制升降，1个控制左右犁架折放，3个用于超载保护。液缸犹如医生们使用的注射器，依一定外力使液体产生压力，通过一套杆件，使"尾巴"跷起或落下。这种机具称为悬挂式液压机具，其结构简单，操作方便，几个液压缸就能完成许多复杂的动作，这是机械、电力传动所办不到的。所以，拖拉机"尾巴"能够跷起来,全凭液压技术巧安排。

万有引力

不但地球对它周围的物体有吸引作用,而且任何两个物体之间都存在这种吸引作用。物体之间的这种吸引作用普遍存在于宇宙万物之间,故称为万有引力。

万有引力是由于物体具有质量而在物体之间产生的一种相互作用。它的大小跟物体的质量以及两个物体之间的距离有关。物体的质量越大,它们之间的万有引力就越大;物体之间的距离越大,它们之间的万有引力就越小。通常两个物体之间的万有引力极其微小,难以察觉,可以不予考虑。

比如,两个质量都是60千克的人,相距0.5米,他们之间的万有引力还不足0.01牛顿,而一个蚂蚁拖动细草梗的力竟是这个引力的100倍。但是,在天体系统中,由于天体的质量很大,万有引力就起着决定性的作用。太阳系中的八大行星绕太阳旋转而不离去,就是由于万有引力的作用。银河系里的球状星团——由上百万个恒星聚在一起并呈球状的恒星集合体——聚集不散,也是由于万有引力的作用。

在天体中质量还算很小的地球,对其他物体的万有引力已经具有很大的影响,它把人类、大气和所有地面上的物体都束缚在地球上,它还使月球和人造地球卫星绕地球旋转而不离去。重力就是地面附近的物体受到地球的万有引力而产生的。

大约300年前,牛顿在综合了当时的天文学和力学成就的基础上,发现了万有引力定律,揭示了自然界中一种基本的相互作用力。

骑赛车省力吗

顾名思义,赛车是专作比赛用的。但目前各种新型的车层出不穷,如山地车、城市车等等。你一定会发现，它们带动链条的齿轮有多种组合，可以根据需要改变。那么，骑这类车能不能省力？

答案是不省力，骑山地车、城市车不省力，骑任何车都不可能省力，但是由于链条的转动可以按需要改变，所以可以省力或加快速度。比如，逆风骑车时，一般的车要费很大劲才能往前蹬，如果风大还可能被刮倒；上坡也一样，稍微力气不支，

山地自行车

车就会停住，甚至要向下滚。这时改用传动比小的挡，使车轮同样转一圈，脚多踩飞轮几圈，这样是省力了，代价是脚蹬的圈数增加了，所做的功仍然是那么多。但这样可以避免力量不支，而保持循序渐进。

相反，如果风和日丽，你正行驶在光滑的大道上。为了骑得更快些，你一定会快蹬飞轮，甚至于无法蹬得再快了，但还觉得车速不够快。这时，如果换骑赛车，改用传动比大的档，用同样的速度蹬车，可以使车速提高好几倍。虽然这样需要的力气会大一些，但你完全可以承受，使你避免把力量消耗在蹬车的重复动作上。

神奇的表面张力

在日常生活中，我们对见到的一些现象可能已经习以为常，认为它们理应如此，但是为什么会这样，就没有过多地去想了。比如，下过雨后，我们可以见到树叶、草上的小水珠都接近于球形；不小心打碎了体温计后，里面的水银掉到地上，小水银滴也呈球形。我们也可以表演一个小魔术，在一杯水里，小心地把一枚针水平放置在水面上，针浮在水面上而不沉于

杯底，并且在针下面的水面上形成一个凹面。如果做得相当熟练，你甚至可以用钮扣、小巧的平面形金属或硬币来代替针。所有这些现象都与表面张力有关。

那么，什么是表面张力呢？原来液体与气体相接触时，会形成一个表面层，在这个表面层内存在着的相互吸引力就是表面张力，它能使液面自动收缩。表面张力是由液体分子间很大的内聚力引起的。处于液体表面层中的分子比液体内部的稀疏，所以它们受到指向液体内部的力的作用，使得液体表面层犹如张紧的橡皮膜，有收缩趋势，从而使液体尽可能地缩小它的表面面积。

水表面张力

我们知道，球形是一定体积下具有最小的表面积的几何形体。因此，在表面张力的作用下，液滴总是力图保持球形，这就是我们常见的树叶上的水滴接近球形的原因。

表面张力的方向与液面相切，并与液面的任何两部分分界线垂直。表面张力仅仅与液体的性质和温度有关。一般情况下，温度越高，表面张力就越小。另外，杂质也会明显地改变液体的表面张力，比如洁净的水有很大的表面张力，而沾有肥皂液的水的表面张力就比较小，也就是说，洁净水表面具有更大的收缩趋势。

不光液体与气体之间的表面层，液体与固体器壁之间也存在着"表面层"，这一液体薄层通常叫做附着层，它也一样存在着表面张力。这一表面张力决定了液体和固体接触时，会出现两种现象：不浸润和浸润现象。水银掉到玻璃上，是呈现出球形，也就是说，水银与玻璃的接触面具有收缩趋势，这种现象为不浸润。而水滴掉到玻璃上，是慢慢地沿玻璃散开，接触面有扩大趋势，这种现象为浸润。水银虽然不能浸润玻璃，但是用稀硫酸把锌板擦干净后，再在板上滴上水银，我们将会看到，水银慢慢地沿锌板散开，而不再呈球形。所以说，同一种液体能够浸润某些固体，而不能浸润另一些固体。水银能浸润锌，而不能浸润玻璃；水能浸润玻璃，而不能浸润石蜡。

　　浸润和不浸润两种现象，决定了液体与固体器壁接触处形成两种不同形状：凹形和凸形。现在我们就明白了前面介绍的小魔术中，硬币不沉没的原因了，它实际上利用了水具有很大的表面张力的性质和不浸润现象。如果我们事先在硬币表面涂上一层油，硬币就可以轻易放在水面上而不会沉没。在工程技术和日常生活中，人们经常利用水不溶解油这一特性。像在纸伞上涂油漆做成雨伞；给金属器材涂机油，防止因水引起生锈；甚至在选矿方法中，也用到水不浸润涂了油的物体的性质。浮选矿法就是把砸碎的矿石放到池中，池里放上水和只浸润有用矿物的油，使它们涂上薄薄一层油，再向池中输送空气，这样气泡就附在有用矿物粒上，把它们带到水面，而与岩石等杂质分离开。

　　表面张力产生的一个重要现象是毛细现象。也就是说浸润液体在细管里上升，不浸润液体在管里下降。我们可以很容易做一个小试验来观察这种现象。把细玻璃管放入盛水的槽中，这时水很快从细玻璃管中上升，管中的水平面比水槽中水平面还要高，管子越细，上升越高，并且管中水面是凹形的。若水槽中放的是水银，情况则恰恰相反，管中液面低于水槽中水银的平面。

　　浸润液体为什么能在毛细管中上升呢？原来，浸润液体与毛细管内壁接触时，引起液面凹形，而表面张力是沿着液面切向作用的，所以沿着管壁作用的表面张力形成一个向上的合力，使得管内液体上升，直到表面张力的向上拉引作用和管内升高的液柱重量相等为止。同样的道理，对不浸润液体，毛细管壁的表面张力的合力方向向下，使管内液体下降。我们平常所见到的用毛巾擦汗、粉笔吸干纸上墨水等现象都可用毛细现象来说明，毛巾、棉花、粉笔、土壤等物体，内部有许多小细孔，起着毛细管作用。在酒精灯中，用棉线做灯芯，可以使酒精沿灯芯上升；而若用丝线来做灯芯，可能点不着酒精灯。这是因为酒精不能浸润丝线，在丝线灯芯中酒精是下降的。

毛细现象对植物生长也具有很重要的意义，它们所需要的养分和水分就是由根、叶子和茎中的小管从土壤中吸上来，输送到绿叶里的。这就像不停止的抽水机，不知疲倦地把水分、养分送到植物的每一个细胞。另外，土壤中有很多毛细管，地下的水分沿着这些毛细管上升到地面蒸发掉。如果要保存地下的水分来供植物吸收，就应当锄松表面的土壤，切断这些毛细管，减少水分的蒸发。所以农民常在雨后给庄稼松土，来保持水分。

利用毛细现象，人们还生产出各种钢笔、签字笔和彩色水笔。当用它们在纸上书写时，纸马上显现出字迹来，这是我们平日所见惯了的，但很少有人想到，为什么写字的时候，墨水会源源不断地出来，而不写字的时候，它就不跑出来？现在我们已经知道，这是依靠钢笔身上一系列毛细槽和笔尖的细缝，把笔胆内的墨水输送到笔尖；而签字笔和彩色水笔的笔尖是与一根细长的管子相连，管内壁有吸满了墨水的棉卷，有的彩色水笔笔尖也是用含多个毛细孔的材料做的。写字时，笔尖一碰到纸，墨水就附着在纸上，并在纸上面留下字迹。

当不写字的时候，墨水为什么不流出呢？我们仍可做另一实验来解释。把一块硬纸板盖在盛上水的玻璃杯上（杯内不必装满水），按住纸板，迅速将杯子倒过来，并把手从硬纸板上移开。此时，发生一奇怪现象：硬纸板停在原处，水仍留在杯内不流出来。难道一杯水的重量推不动一张纸吗？不是的。这是由于大气压强与水的表面张力共同作用的结果。当把玻璃杯倒置后，水柱有些下降，这就减小了杯内的气压，水柱顶部与底部之间的压力差克服了水柱本身的重量而使杯内的水流不出来；水与纸片和水与玻璃之间的表面张力也使纸板保持在原来的位置上。不写字的时候，笔内的墨水不流出来的道理也是一样的。

表面张力的用途远不止以上所谈到的这些，在生物学、医学及微循环系统中，它也有着广泛的应用；玩具制造厂也常利用它生产出各种有趣的玩具。

神奇的浮力

在自然界,我们经常可以看到一些司空见惯的现象,但有时并没有想过造成这种现象的原因。例如当被问到船只在海里沉没时,最终会停止在何处?

这与海水的深度有关吗?大家一定回答是沉入海底。但是为什么会这样呢?有人会说是由于重力的作用。而听了下面的解释,你又会怎么想呢?你认为这种说法对吗?

由阿基米德的浮力原理可知道,物体的飘浮性决定于客观存在的平均密度,而不是它的重量。如果物体的平均密度比液体的密度大,那么它就下沉;密度相同时,物体就可悬浮在液体中。深处的水由于受到上面水的重压,密度会增加,海水越深,密度越大,那么到了相当的深处,海水的

悬浮在海中的沉船

密度一定就可以达到与船的平均密度相等。假使船沉到此处，就不会再沉下去，因为再沉下去就会碰到密度更大的海水，而被推上来了。因此，沉船会悬浮在相当深的海水里，而不一定沉到海底。

结论好像很正确，因为海洋深处的压强是非常巨大的。在海洋中深度每增加10米，每平方厘米就增加10.094牛顿的压力，这相当于1个标准大气压。在许多地方，海洋的深度有好几千米，那么深的海中的压强是非常巨大的。有的海员常和没有经验的旅客开玩笑，用很长的绳子把一塞紧瓶塞的空瓶子系上重物沉入很深的海里。当把瓶子提上来时，里面竟装满了海水。旅客很惊讶，因为瓶塞仍在上面紧紧地塞着。其实，这是海水的压强在作怪。当瓶子下沉时，深水中的高压把瓶塞压入瓶中，使瓶子装满水；瓶子提上来时，由于压力减小，水膨胀而把瓶塞推回原处。

现在我们再回到原来的沉船问题上。虽然海洋深处有着巨大的压强，但是水像所有液体一样，几乎不能被压缩。也就是说，无论多大的压强，总不能把水压得比它原来体积小很多。1个大气压只能使水的体积缩小1/22000。就是在最深的海洋下，水的密度也增加不到5%，不可能增加到与船的密度一样大，所以船在一般海里沉没时，毫无疑问地都会沉到海底。

但对一些内陆的特殊海来讲，则是另外一种情况。例如死海，它的海水密度很高，平常的海水约含盐2%～3%，而死海里水的含盐量高达27%以上。就是说有1/4的重量是盐，所以那里的海水的浮力很大，人和船都不会沉没于水中。如果人在死海中游泳，绝对淹不死。你可以仰躺在水面上；甚至，完全可以抬起头来，让身体在水面上浮着，只有脚跟浸入水中。因此与其说是在水里游泳，还不如说是在水面上"游泳"。

我们如果仔细观察船舷，会发现它们上面都画了若干条横线——吃水线。它表示船在各种密度的水里，满载时的最大吃水深度，超过此线，船就可能下沉。在不同的海洋中，水的密度不同。吃水线在咸水里比较低，在淡水里比较高。这些吃水线的位置实际上也与浮力有关，因为船浸入水的深度决定于液体的密度。即船上装着同样的货物，在海水里行驶，船就浮得高些，而行驶到大河等有淡水的地方，就会浮得低点。实际上每一条船都能够用来测量海洋中水的密度。

液体的密度能不能用简单的办法来测量呢？回答是肯定的，可以使用密度计。它是一种测量液体密度的仪器，像船上的吃水线一样，密度计上不同的刻度值表示了不同液体的密度值。在使用密度计时，只要把它插入液体，它就会竖直地浮在液体中，液面所对应的刻度值就是该液体的密度值。

密度计实际上是根据沉浮原理制造的。如果物体平均密度小于液体的密度，那么物体就会浮起来。待测量的液体密度越大，被密度计排开的液体就越少，密度计浸在液体里的深度也就越浅些，即液体密度越大，密度计浮起得越高。

衣服被刮破为什么总是直角形

当衣服的某一点被一个东西钩住，而人又给了一个反方向的拉力时，会对布形成破坏力，这时的破坏力应该是和拉力的方向一致的，为什么会出现直角两个方向的破坏呢？

这和布的结构有关。布是以经线和纬线编织而成，最薄弱的环节就是单纯的经线或单纯的纬线，而受力方向往往是经线方向和纬线方向两个力的合力方向，这就是布的最牢固的方向。破坏总是从最弱点开始的，所以就形成了直角的裂口，也就是说这个破坏衣服的力量总是分解成相互垂直的分力，一个沿纬线的方向，一个沿经线的方向。

神秘的微重力

微重力是太空中仅有的重力，其大小只有地面上所感觉到的重力的

1/100。究竟小到怎样的程度呢？举个例子：在地面上，一枚镍币从1.8米高处自由落下，到地面只需0.5秒钟；而在太空站上，同样的镍币，下落同样距离则需要10分钟。

在重力微弱的环境中会出现一些奇怪的现象——胡萝卜能翻转着长，长成U形；蜡烛的火焰变成一个蓝色的球。美国航空航天局的研究人员说，如果没有地球重力的干扰，许多其他方面隐秘的过程都有可能被揭示出来。

奇妙的向心力

让我们先做一个小实验，用手拿住一根细绳的一端，而绳另一端系着一个小球，把绳子抡起来，小球就会绕着手做圆周运动。此时，你会感到手受到绳子的一股拉力。如果你松开手，或者绳子突然断了，小球就会飞出去。也就是说，物体作圆周运动时，一定会受到一个指向圆心的力，我们把这个力叫做向心力。

无论物体做完整的圆周运动，还是做局部圆周运动，都必须在向心力的作用下运动。只是运动的物体获得向心力的方式不同而已。骑自行车的人在急速拐弯时，人和车身都要向弯道里侧倾斜，以获得向心力用来拐弯；火车轨道拐弯时，外侧轨略高于内侧轨，也是为使火车倾斜，获得向心力；而汽车拐弯时所需的向心力是靠地面对车轮的摩擦力提供的。

惯性—惰性

惯性就是物体有保持原来运动状态不变的"习惯性"，也就是物体反抗改变运动状态的一种"惰性"。

当骑车飞驰下坡时，刹车时千万不要只捏前闸。如果不慎只捏了前闸，突然制动前轮，而后轮由于惯性，仍在飞速旋转，又无法超越前轮，若刚好下坡，后轮高于前轮，那车尾就必将翘起，人也就只有摔倒的份了。

物体的惯性同物体的质量有关，质量大的物体惯性大，质量小的物体惯性小。这就是为什么质量庞大高速运行的火车在进站前很远就开始刹车，而歼击机为了提高灵活性，要尽量设计得轻便，并且战斗前还要甩掉副油箱，尽一切努力减少质量，减小惯性。

惯　性

超重和失重

小明站在台秤上，刻度显示为 40 千克，而当他猛地下蹲时，台秤指针也随着猛地震动，当他猛地站起时，指针也随着摆动。台秤指示的是台秤给人的支持力的大小，当人平稳地站在台秤上时，人所受的重力的大小等于台秤给人的支持力，所以这时台秤的读数就是人的体重，也就是说小明的体重是 40 千克。那指针的摆动又说明了什么呢？

现在我们来解决这个问题。当人猛地下蹲时，人有一个向下的加速度，所以台秤给人的支持力小于人所受的重力，

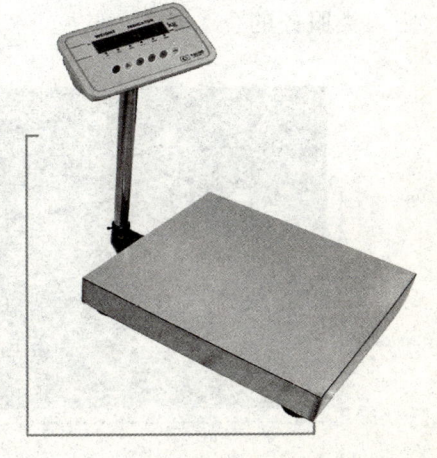

台　秤

如果小明仔细观察就会发现，这时指针最先是向回振动了，如果能克服惯性，那么，指示数值将小于40千克，好像人的体重变小了，我们称这种情况为失重。而小明猛地站起，则正是相反的情况，我们称之为超重。

阿基米德举地球

相传，古代发现杠杆原理的力学家阿基米德曾说过："给我一个支点，我就能举起地球；如果还有另一个地球的话，我就能到上面去，把我们的地球移动。"阿基米德发现杠杆原理时认为：不论怎样重的物体，都可以利用杠杆，使一个最小的力把物体举起，所以，他认为如果用力压一根非常长的杠杆长臂，而让短臂对物体起作用，他的手就可以举起质量等于地球的重物。当然，如果这位古代力学家知道地球质量是多么大，他就不会这样说了。

按照杠杆原理计算，如果阿基米德把地球举起1厘米，他那压着杠杆的手要移动10.18千米呢！这么长的距离，实在是不可能，但是杠杆原理在现实生活中应用的例子却举不胜举，称量物体的天平，提拉物体所用的滑轮，装卸货物用的斜面撬棒、剪刀等等都是应用了杠杆原理来为人类服务的。

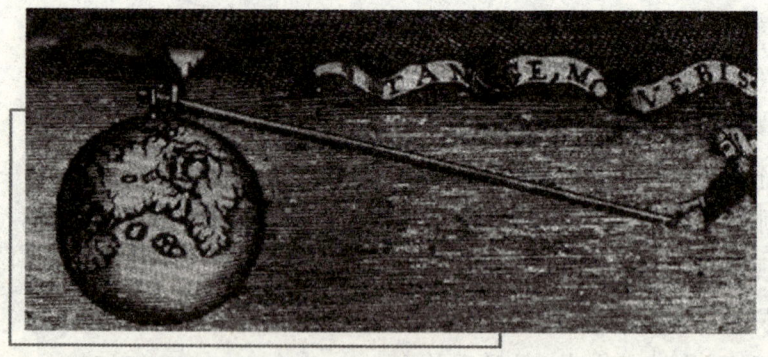

举起地球

飞快骑车时单刹前闸好吗

当你骑自行车时，骑得飞快，单刹前闸会很危险，甚至造成后轮上抬至翻车。自行车有两个轮子，后轮是主动轮，前轮是从动轮，骑车脚蹬踏脚时，通过齿轮、链条传动，使得后轮相对地面有向后滑动趋势，由于摩擦力总是与相对运动趋势相反，所以地面给轮子的摩擦力是向前的，这就是自行车前进的动力。但是前轮的情况却不是这样，作为从动轮，是后轮带动它运动，它受到的地面摩擦力是向后的。因此，这个摩擦力是车前进的阻力，也就是自行车的运动是后轮受到摩擦力克服前轮的摩擦力的结果。

骑车时，如果突然急刹前闸，不让前轮运动，而这时，人和车身仍有继续保持向前运动的能力，即存在向前运动的惯性，就会使车身和人围绕前轮与地接触点旋转，骑得越快，危险性越大，将导致后轮上抬，甚至翻倒，造成伤害。

为什么鸡蛋不易用手压碎

把蛋放在两手的掌心之间，用力挤压它的两端，你会发现，要想徒手压碎蛋壳，并非是件容易的事，这是为什么呢？

蛋壳之所以特别坚固，完全因为它的形状是凸出的，各种美观漂亮的拱门及拱桥之所以坚固，也是由于

鸡 蛋

这个道理。拱门坚固的重要原因是拱门中心的那块楔形石头，由于是楔形，上宽下窄，挤于两侧石头之间，可以阻止它下落；而两侧的石块又被挤在旁边的石块之间。因此，拱门能够承受很大的压力，从上面压在拱门上的压力就不易压坏拱门。但是这种拱形结构有种特点：若从里面向上用力，会比较容易破坏它。因为石块的楔形虽能阻止它下落，却不能阻止它上升。

不倒翁为什么不倒

有趣的不倒翁，无论你怎样推，也不会翻倒；甚至把它横过来放，松手后也会再立起来，这是为什么呢？

原来是由于物体重心较低的缘故。地球上一切物体都会受重力作用，从效果上看，物体各部分受到的重力可以认为集中于一点，叫做物体的重心。质量分布均匀，形状中心对称的物体，对称中心就是它的重心，质量分布不均匀的物体的重心，会受到物体形状和质量分布情况的影响。

不倒翁

不倒翁之所以不倒，有两个原因：①上轻下重，底部还放了一个较重的铁块，重心很低；②它的底面大而圆滑。当它倒向一侧时，重心偏向另一侧；又由于圆滑底面，重力作用使不倒翁不费力就站了起来，又由于惯性要摆动一会儿，最后才会竖直立在桌面上。

笔杆上的小孔有什么用

封闭的气体，受热后会怎么样？飞机在高空时，机舱内的气压和地面上的气压有什么差别？圆珠笔和墨水笔杆上，都有一小孔，这小孔有什么功用呢？

笔杆内都有空气，这些空气对杆内的油墨（或墨水）具有压力。如果笔嘴外的大气压和杆内气压相等，油墨就不会被压出来。如果笔杆没有小孔，笔杆内外的气压就有可能不相等。例如，人体的热能使笔杆内的空气温度升高，空气受热膨胀压力增大，就会把油墨压出来；乘搭飞机到高空时，机舱内的气压调校得比地面的气压低（约为地面大气压的60%）。这时，笔杆内的气压比机舱大，就把油墨压出来。因此，笔杆的小孔是使杆内外的气压平衡，防止油墨从笔嘴漏出来。

火箭升天的原因

火箭为什么能升天呢？原因就在于两个物体之间力的作用总是相互的，当你对物体施加力的作用时，物体也对你有一个相反的力。两个物体间相互作用的这一对力，叫做作用力和反作用力。

当你向后划水时，水会给船一个向前的反作用力，使船前进；火箭发射须先点燃燃料，燃料被点燃后向下喷出气体，喷出的气体同时使火箭产生一个向上的动力，推动火箭上升。

露珠为什么是球形的

你注意观察过停留在草叶上的露珠吗？你注意过自来水开关里滞留着

的水滴是以圆珠形落下的吗？你有没有想过，水滴为什么是圆珠形的呢？难道是水有一种变圆的本领吗？

当然不是。像水一样的液体，都有使表面积尽量变小的性质，这是由于液体存在表面张力的缘故。在表面张力作用下，液体表面有收缩到最小的趋势，而且，在体积相等的各种形状的物体中，球形物体的表面积最小。因此，荷叶上的小水滴、草叶上的露珠都呈球形。

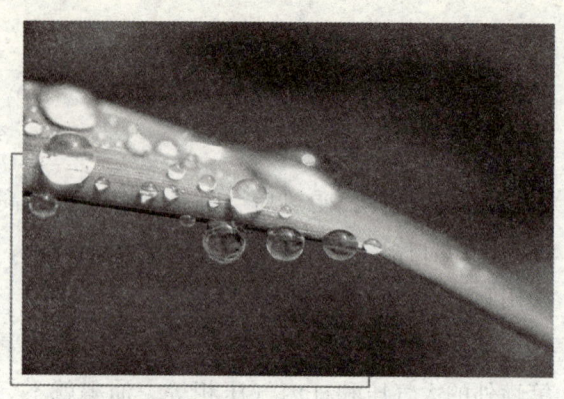

露　珠

啤酒为什么容易倒酒

倒啤酒时，一不小心就会倒洒，有时，即使很小心，也会流出一点，这是什么原因呢？不知道你是否仔细观察过，当倒啤酒时，啤酒往往绕过杯口沿其外壁延长一段之后才注入玻璃杯。为什么不在重力作用下直接经杯口注入玻璃杯呢？

啤酒属于流体的一种，对于理想的、不可压缩的流体而言，受弯轨迹的半径越小，流速越大。所以啤酒流过杯口时速度是最大的，根据伯努利原理可知，

啤　酒

杯口静压强最小，其值低于外界大气压，因此，大气压迫使啤酒先沿杯壁流动，当受到外界的扰动时，啤酒才能脱离杯壁注入玻璃杯中，沿杯壁所流的距离与表面张力及流体的黏滞性有关系。

气压计的由来

1660年，德国曼古迭布鲁达市的市长盖立凯首先制造出气压计，并且首次根据自己的气压计进行了天气预报。

市长盖立凯很喜欢研究机器。他利用泵，把各种东西里的空气抽出来做真空实验。一天，他在水桶里立一根长管，封住管子上端，然后抽去管内空气，水就在管内升起来。当时盖立凯想：如果管子更高那又会怎样呢？他就换了一根更长

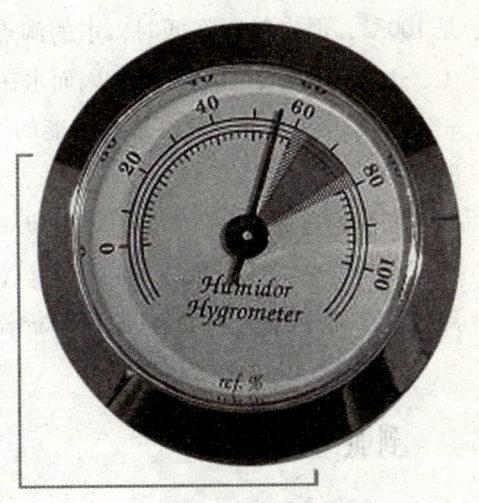

气压计

的管子，最后发现水柱在三楼和四楼间停住了，离地约有10米高。

每天注视水面高度时，盖立凯发现一个奇怪的现象：晴天时候水柱升高，雨天时水柱降低。

有一天，水柱比以前降的还低许多，盖立凯紧张起来：是不是要来暴风雨了？他赶紧向市长室跑去，并通知说："暴风雨要来了！"可是大家看着碧蓝的天空，谁也不相信。一个小时后，风开始呼呼地刮起来了。

"猜中了，猜中了！"盖立凯兴奋地叫着，街上的人很钦佩他，而且这位市长的名声也开始愈来愈大了。这就是气压计的由来，从此，人们使用仪器观测气象的研究也一点点地随之展开。

鸡蛋怎么没熟

登山运动员爬到海拔几千米的高山上宿营，支起锅灶开始煮鸡蛋，可是煮了几十分钟后，打破蛋壳，蛋清蛋黄竟一骨脑地流了出来，这是为什么呢？

原来水的沸点同大气压是有关系的。在标准大气压下，水沸腾的温度是100℃，但当气压降低时，水的沸点也随着降低。在海拔几千米的高山上，大气密度小，气压降低，因而水在低于100℃时就开了。如果海拔到了一定高度，沸水中养鱼也是有可能的。正因为这样，登山运动员煮了好长时间的鸡蛋还是生的。

同样的道理，在气压高于标准大气压时，水的沸点也随之升高。人们根据水的这种特性，制造了高压锅，它用特别的胶圈密封，不让锅内蒸汽跑掉。在加热的过程中蒸汽压强不断增大，水的沸点也随之提高。

到底是谁在动

当火车起动，驶出车站时，你如果坐在火车上，一定会觉得车站在后退；如果你站在站台上，你会看到是火车在驶出车站，明明是火车奔跑着，为什么坐在车中的你会感觉车站在后退呢？

这里面蕴含着奇妙的物理知识——运动的相对性问题。就以上面的例子来说，火车启动后，坐在车中的你

火 车

和站台上的人观察到结果是不一样的,因为乘客是以车厢为标准,看到车站后退;站台上的人则是以地面为标准看到火车在跑,而站台并没动。一个物体相对于不同的标准具有不同的运动状况,这就叫作运动的相对性,我们把被选为标准的物体叫作参照物,我们通常看到的汽车在行驶,飞机在飞行,人在行走,而房屋是静止不动的,都是以地球为参照物来说的。

天平不准确怎么办

这个问题很早就有人想到,并成功地解决了,结论是只要你手上有准确的砝码,你就能用不准确的天平得出正确的称量结果。具体怎样进行称量呢?俄罗斯的化学家门捷列夫告诉我们:①把一个比要称的物体重一些的重物放在一个盘上,然后把砝码放在天平的另外一个盘上,使天平平衡。②把要称的物体放到放砝码的盘上,从这只盘中把一部分砝码拿下来,直到天平平衡。第三步,计算拿下的砝码的总量,自然就是所称重物的重量了。这种办法叫做"恒载量法"。

天　平

另一种方法叫做"替换法"。具体操作是这样的:①把要称的物体放在天平的一个盘上,另一个盘上加沙粒或铁砂,直至天平平衡。②把称量物拿下,逐渐把砝码加到这只盘上,直到天平恢复平衡。③计算砝码的总重量,也就是所称的重物的重量。

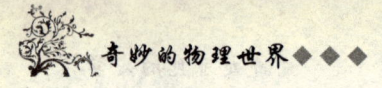

雨衣为什么不透水

下雨天，外出的人们不是打伞，就是穿雨衣。雨衣为什么不透水呢？其奥妙就在制作材料上。就拿布制雨衣来说吧，它是用防雨布（经过防水剂处理的普通棉布）制成的。防水剂是一种含有铝盐的石蜡乳化浆。石蜡乳化以后，变成细小的粒子，均匀地分布在棉布的纤维上。石蜡和水是合不来的，水碰见石蜡，就形成椭圆形水珠，在石蜡上面滚来滚去。可见，是石蜡起了防雨的作用。物理学上把这种不透水的现象，叫作"不浸润现象"。而水一旦遇到普通棉布，就通过纤维间的毛细管渗透进去，这就叫作"浸润现象"。

物体是由分子组成的。同一种物质的分子之间的相互作用力，叫作内聚力；而不同物质的分子之间的相互作用力，叫作附着力。在内聚力小于附着力的情况下，就会产生"浸润现象"；反之，则会出现"不浸润现象"。雨衣不透水，正是水的内聚力大于水对雨衣的附着力的缘故。

微妙的热学

溜冰的原理

把一块冰放在水中,会看到冰是浮在水面上的,这说明冰的密度比水的小。也就是说水结冰时体积会膨胀,这就是为什么盛了水的玻璃瓶,在冬天结冰之后会使瓶胀裂的原因。早期人们就是根据这个现象,认为增大压力利于体积变小,所以增大压力能使冰刀下的冰更容易化成水,冰刀与冰之间的水起了润滑作用,才能溜冰。

这并不完全正确。我们滑冰时,确实是在冰刀和冰之间产生了一层起润滑作用的水,这层水是哪里来的呢?原来是由于滑动和摩擦过程会产生热,这种热恰好发生在冰刀与冰实际接触的地方,使得实际接触点的冰融化,从而出现了能起润滑作用的水层。想一想为什么

溜 冰

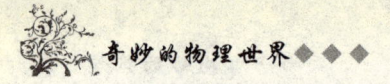

滑冰起动时比较费力，而滑动以后就省力了？原来是静止时，没有摩擦产生的热，不能形成润滑水层的缘故。

冰、水和水蒸气是同种物质吗

冰、水、水蒸气是不是同一种物质呢？回答是肯定的，冰、水、水蒸气是同种物质，它们是水的三种不同状态，冰是固态的水，水是液态，水蒸气是气态的水，这就是自然界中物质的三态：固态、液态和气态。我们喝的饮料是液态的，而装饮料的瓶子是固态的；我们生活的空间充满了空气，空气是气态的物质。

物质呈现什么状态是由温度条件决定的，温度的变化可以使物质的状态发生变化。寒冷的冬天，天气变冷，温度下降，湖里的水变成冰，我们把物质由液态变成固态的过程叫做凝固；大地回春，气候转暖时冰又化成了水，由固态变成液态的过程叫溶解；水变成水蒸气，就是物质由液态变成气态的过程，叫做汽化。

井水为什么冬暖夏凉

炎热的夏日，用从深井中提上来的水洗脸，让人感到十分清凉；而寒冷的冬季，再用从深井提出来的水洗脸，又有丝丝暖意。正因为这样，便有了井水冬暖夏凉的说法。

实际上井水冬天的温度不但不比夏天高，反而比夏天的温度要低3℃～4℃。可这也不能说井水冬暖夏凉的说法是错误的，这种说法是说井水冬天比当时的气温要高，而夏天的温度则要比当时的气温低。

冬天井水的温度为什么比当时的气温高呢？这是因为寒冷的冬天，地面的温度很低，常常在0℃以下，遍地冰雪，而地下的泥土由于不能直接向空气中散热，因此地下温度变化不大，而井水的温度正是这地下的温度，自然就比地面上的温度高了。反之，夏天地面温度升得很快，地下的温度通过泥土的层层传递升高得很慢，这样井水的温度就要低于地面的温度了。

井 水

壶底上的同心圆

铝壶的底部是不平坦的，而其他饭锅的底部是平坦的。铝壶的底部有许多个凹进去的同心圆圈，从壶底的中心向四周扩散，呈波纹形，为什么壶底要做成这种形状呢？

这是从节约能源的角度来设计的。①波纹形的壶底，可以增大壶底与火焰的接触面积，在单位时间内，能从火炉上吸收较多的热量；②可以减少壶底对火焰辐射来的热量的反射，使热效率更高；③与平底壶相比，这种波纹形的壶底与壶内水的接触面积比较大，能更快地把热量传导给水。所以，用这种壶烧开水要比用平底壶节省时间，节省燃料，节约能源。

暖气为什么放在窗下面

我们注意，房间里的暖气都是安装在窗下靠地面的地方，这是为什么呢？

我们知道，常用的暖气是利用管道中流动的热水放出的热量，加热房间中的冷空气。通常暖气制成突出的层层薄金属片的形式，就是为了增加散热的面积。冷空气受热后，密度变小，便向房间上部流动，将暖气安放在靠近地面的位置，就是利用空气的这种性质。暖气片放出的热量使靠近地面的冷空气变成热空气，向房间上部流动，房间上部的冷空气受到排挤，流向下部，又被暖气片加热，这样周而复始的循环流动便使房间温暖如春了。

如果把暖气安放在房间较高的位置，那情况就有变

窗下面的暖气

化了，暖气片散发的热量将只使房间较高处空气变暖，无法形成整个房间的冷热空气对流，房间靠近地面的空气仍是寒冷如初。

玻璃杯薄厚的学问

仔细观察家里的杯子，你会发现家里用来喝啤酒、饮料的玻璃杯杯壁很厚，显得很结实，而用来喝开水的玻璃杯往往很薄，一副弱不禁风的模样，这里面有什么学问吗？

事实上热水杯同冷水杯的区别不仅仅在于玻璃杯壁的薄厚，它们各自的玻璃配方也有所不同。热水杯的玻璃含二氧化硅的量要多些，而冷水杯的玻璃含二氧化硅的量就少些，这就使热水杯承受温度突变的能力更强些。

热水杯由于本身的材料的优势，加上它的壁薄，滚烫的开水倒进，热量很快透过杯壁传出，使整个杯子均匀地膨胀，就不会炸裂。如果把滚烫的开水倒进冷水杯，情况可就不一样了。由于杯壁较厚，玻璃内壁的热量

◆◆◆ 微妙的热学

玻璃杯

不能迅速传到外壁，这就使内壁膨胀比外壁快，结果就会使厚重的玻璃杯炸裂。

热水冻结快，还是冷水冻结快

是热水冻结快呢，还是冷水冻结快呢？

科学家是这样解释的：①液体在较热的容器循环较好，所以容器中的热水能迅速地流向器壁和液面；②热水中含有较多溶于水中的气体，冷却前除去溶解的气体会使水更快地达到冻结点；③热水比冷水温度高得多，蒸发得也要快，到达冷却点时，需要冻结的水的质量要少于冷水，科学计算表明：当水从100℃冷却至0℃时，若主要的热损失由蒸发引起的话，水的质量要减少约16%。这样看来，热水先冻结是有科学道理的。

寒冷地区冲洗汽车时用的都是冷水,就是为了推迟冻结时间,防止水冻结在车上,这其中的道理你明白了吗?

车胎为什么会爆

炎热的夏季,你一定见过自行车胎莫名奇妙地爆了,用手去摸一摸,发现车胎已经瘪了,这是什么道理呢?

这是物体热胀冷缩造成的。一般而言,物体在受热时要膨胀,而冷却时要收缩。炎热的夏季里,天气很热,自行车车胎内的气体由于受热而膨胀,膨胀到一定程度就会使车胎承受不住而发生爆炸,造成车胎破裂,车胎内的气体跑到空气中来,导致车胎瘪了。

此外,液体同样也遇热膨胀,遇冷收缩。由于液体通常保存在某种坚固的容器中,膨胀只体现在液面处,当温度增加时,液面会升高,而温度下降时,液面将下落,温度计和体温计就是应用了液体这一性质制成的。

皮袄为什么让人温暖

有人可能会说,是因为皮袄挡风,又很厚,所以使人温暖。真的是皮袄给人的热量,让人抵御严寒吗?不妨做个实验,将温度计放到卷紧的皮袄中,我们会发现,很长时间过去后,温度计的示数没有丝毫的改变。这就说明皮袄本身是不会产

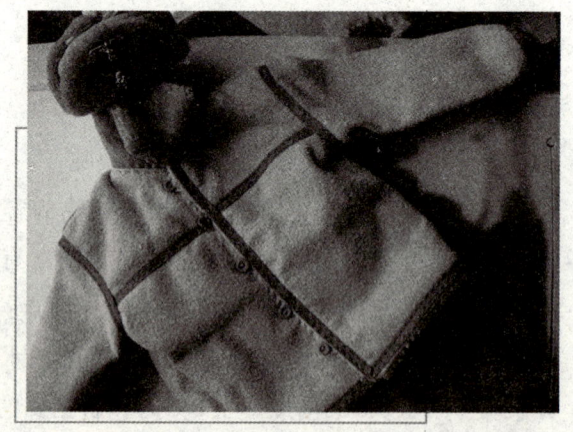

皮　袄

生热量的，自然也不会给人热量。

原来皮袄使人温暖的原因在于它是热的不良导体，也就是说它不善于传热，寒冷的冬天，气温要在零下十几到几十摄氏度，而人体的温度却保持在三十四摄氏度左右，如果穿善于传热的衣服，人体的热量就会不断地散失。而皮袄坚韧致密的皮，长长厚厚的毛却能防止人体的热量向外界散失，这样人就不觉得冷了。所以皮袄的作用就是把外界的冷空气同温暖的人体恰到好处地加以隔离，而不是本身产生热量。

热水瓶为什么能保温

热水瓶为什么能保温呢？

热的传递方式有三种：热的辐射、热的对流、热的传导。

人在太阳光的照射下，会感到身上热乎乎的，这是因为太阳的热射到了我们身上，这叫热的辐射。防止热辐射的最好办法是把它挡回去，反射热最好的材料是镜子。

倒一杯开水放在桌子上，过一段时间，杯子里的水和周围环境的温度一样了，这是由于热的对流。

如果在杯子上加个盖，就把对流的通道挡住了。可是这杯水依然会变凉，只是时间长些。这是因为杯子有传热的性质，这叫做热的传导。

把热水瓶的两层玻璃之间抽成真空，就破坏了热的辐射、对流和传导的条件。热水瓶盖选用不容易传热的软木塞，隔断了对流传热的通路，完美地把传热的三条道路都挡住了，热就可长久地保留下来。但热水瓶的隔热并不那么理想，仍然有一部分热能够跑出来，因此热水瓶的保温时间有一定限度。

热水瓶的功能是保持瓶内热水的温度，断绝瓶内与瓶外的热交换，使瓶内的"热"出不去，瓶外的"冷"进不来。如果在热水瓶里放上冰棍儿，外面的"热"同样不容易跑到瓶子里，冰棍也不容易化。所以把热水瓶叫

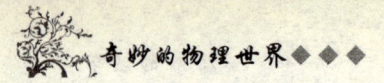

做保温瓶是科学的，因为它既能保"热"，也能保"冷"。

怎样把开水冷却

假设有 6 个完全相同的一套杯子，其中一个盛满开水。如果利用杯子的吸热作用把开水的温度降低，可以把开水注入其余 5 个冷杯子中，让杯子吸收开水的热量。怎样注入开水可以获得较佳的冷却效果呢？

方法一：把开水平均注入 5 个杯子中，每个杯子分配到 1/5 杯开水。

方法二：先把开水整杯注入第二个杯子，等到杯子不再吸热（玻璃的温度升至等于水温）时，再注入第三个杯子，如此类推，最后注入第六个杯子。

不论采用哪一种方法，当杯子注入开水后，杯子的温度升高而开水的温度降低。等杯子的温度和水的温度相等时，就停止吸热了。

当采用第二种方法，整杯开水注入第二个杯中，杯子所升高的温度一定比第一种方法高。

杯子升高的温度较高，就表示杯子吸收开水的热量较多。同理，把开水（现在变为暖水）从第二个杯子再注入第三个杯子中，则第三个杯子所升高的温度，一定比平均注入第三至第六个杯子所升高的温度较多，如此类推。

可知采用第二种方法，可以使开水失去较多的热量，也就是降低较大的温度。

依上述推论，如果以质量相同的玻璃，制成较薄而数目更多的玻璃杯，采用上述第二种方法，则冷却的效果将更大。

磨刀的时候为什么要在磨刀石上放一些水

刀不快了，就要在磨刀石上磨磨。磨刀时，总要先在磨刀石上放些水再磨，这是为什么呢？

原来，在磨刀时，刀刃和磨刀石不停地摩擦，所做的功通过摩擦转变为热能，会使刀的温度升高。高温能使钢刀退火，降低刀的硬度。如果在磨刀石上放一些水，磨刀产生的热传给了水，水的温度就要升高带走一部分热量。一般情况下，1克水温度升高1℃所吸收的热量就是1卡。

那么，如果磨刀时用了10克水，水温由20℃上升到40℃，所需要热量就是200卡。磨刀石上的水除了本身升温带走热量以外，还有一部分水在磨刀过程中蒸发掉了，蒸发也要带走一部分热量。由于水的升温和蒸发带走大量的热，所以刀的温度不会上升很高，硬度也不会受到什么影响，这样磨出来的刀就快多了。

液化石油气瓶是不能加热的

前些年，有家工厂用液化石油气烘干工件，因嫌火焰小，就将钢瓶放入热水槽内加热。不久，钢瓶爆炸，死伤多人。某家工厂食堂的液化石油气瓶也发生了类似的惨痛事故……

现在，液化石油气是不少家庭生活中的必备物，它在工业生产中也有广泛应用。有人为了贪图残液的蝇头小利，也有人为了使火更旺，往往用开水给钢瓶加热，这是十分危险的。为什么呢？

液化石油气钢瓶内充入液化石油气后，上部容积充满着液化石油的饱和蒸气，下部为液化石油气液体。饱和蒸气压在温度作用下每升温1℃，钢瓶内的压力就上升0.3千克/厘米^2。液化石油气的液体体积与温度也有着密切的关系。在10℃~40℃，温度每升高1℃，体积就比原体积膨胀0.37%左右。

国家规定，液化石油气钢瓶爆破压力为80千克/厘米^2。在按规定指标充装的情况下，使用温度不超过50℃，则是安全的。

否则，若温度继续升高，当升到60℃时，由于液体发生膨胀，钢瓶内的全容积就被液体胀满，这时，钢瓶内的压力就不再是蒸气压，而是液体膨胀的压力。温度升高1℃，瓶内的压力就升高21.8～31.8千克/厘米^2。这时，温度再继续升高4℃～5℃，瓶内的压力就超过了钢瓶的爆破压力，钢瓶就会立即爆炸。

冬天时铁也能粘手

冬天，把手贴在室外的铁东西比如铁板、铁架子上，感到冰凉冰凉的，有时，这些铁家伙居然把手粘住了，甚至能把手粘掉一层皮呢。这是为什么呢？

为了说明这个问题，我们先做个小实验：把冻柿子放进少量水中，发现其表面结了一层薄冰。这说明，由于水和冻柿子温差很大，冻柿子放进水里就吸收水的热量，当水的温度降到0℃以下时，就结成了薄冰。

同样道理，冬天室外气温很低，像北京冬天气温可降至零下十几摄氏度，这时室外铁的温度和气温一样。当手与铁接触时，两者温差很大。铁是热的良导体，散热非常快，使得手与铁接触部分的温度迅速降到0℃以下，皮肤表面的水结成了极薄的一层冰，手就与铁冻在一起了。人感觉到手好像粘在铁上了。

为什么扇子能扇灭蜡烛，却扇旺了炉火

你实验过吗，用扇子扇炉火，越扇越旺，而蜡烛却一扇就灭了。这是为什么呢？

原来，用扇子扇风，会同时产生两种作用，一个是补充氧气，帮助燃烧；一个是降低温度，不利燃烧。对于用扇子扇炉火和扇蜡烛的两种情况，要看哪种作用效果明显。

炉火热量大，温度高，远远超过了煤炭的燃点，所以用扇子给它扇风，虽然同时送来了冷空气，赶走了一些热空气，但这对炉火来说是微不足道的。而扇子送来的氧气，却大大地帮助了炉火的燃烧。

蜡烛火焰小，热量少，扇子一扇，冷空气就把热量赶走了，烛火突然下降到蜡烛的燃点以下，蜡烛立即就灭了，扇子送来的氧气再多也没有用。

不可思议的事——纸杯也能烧水

纸是易燃的东西，把纸放到火里，很快就成了灰。用纸做的杯子烧开水，真是不可思议。不管你相信不相信，这的确是事实。

用比较厚的纸做成一个不漏水的杯子，用一根毛衣针穿过杯口边缘，毛衣针的两头搭在两只瓶子上。杯中装半杯水。在纸杯下面点燃一支蜡烛。过一会儿，水烧开了，而纸杯一点儿也没有烧坏。这是什么道理呢？

这是因为，纸虽然是可以燃烧的东西，但必须加热到可以燃烧的温度，它才能烧起来。如果我们用水或其他物质帮助纸随时把热散掉，不让它达到燃烧的温度，纸就不会被烧坏。在纸杯下点燃蜡烛，杯里的水吸走了传到纸上的热，水温便升高了，水热到100℃开始沸腾。在正常大气压力下，水温不会再升高，因此在水蒸发干以前，纸杯达不到燃烧的温度，纸自然燃烧不起来。

河里的鱼虾在冬季为什么不会冻死

在一般情况下，物体总是热胀冷缩的，可是水却有例外，水在0℃~4℃时反而热缩冷胀。因为低温液态水中含有冰晶，而冰晶又有特殊的晶体结构。在冰晶中，4个水分子组成1个三角锥体，这种排列方式比较松散，体积较大，因此冰晶体比水的密度小，用X线研究发现：在

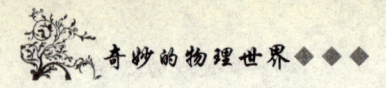

低温液态水中确实残留着非常微小的冰晶体。在0℃~4℃，随着温度的升高，这些冰晶体逐渐融化，所以使含有冰晶的水的体积逐渐缩小。虽然水也随着温度的升高而膨胀，但这种作用较小，所以水在0℃~4℃，随着温度的升高总的趋势是体积缩小。反之，当温度降低时，体积就会膨胀。

当气温降低时，江河湖泊等水域，跟冷空气直接接触的水面散热较快。当水的温度在4℃以上时，由于热胀冷缩的关系，表面上温度较低的水，体积缩小，密度变大，就要不断下沉；底部温度较高的水总要不断上升，形成对流现象。这样一来，原来上面较冷，下面较热的水就会达到温度均匀了。如果气温继续下降，表面的水冷却到4℃以下时，就变成热缩冷胀，密度变小，停留在上面，不再下降，最后结成冰。冰层不善于导热，所以下面的水不易冷却。这样，深一点的水域不会一直冻到底，冰底的水可保持在4℃。上面的冰层像一条厚厚的"冰被"，使水下的鱼虾安全过冬。

鎏金的字不褪色

矗立在天安门广场正中的人民英雄纪念碑，始建于1958年，虽经多年的风吹日晒雨淋，但毛主席手书的"人民英雄永垂不朽"八个大字至今仍金光闪闪。

你可能会问：那金光四射的大字是怎样制作的呢？年长的人会告诉你，这是用"鎏金"的方法制作的。

"鎏金"是我们祖先早就使用的一种加工方法。利用水银能溶解金属的性质，在400℃的高温下，把黄金溶解到液态水银里，一般50克黄金要用350克水银，得到一种银白色黏乎乎的东西，人们叫它金泥。把题词放大后制成铜字，去掉表面的铜锈和污垢后，用小棍蘸着金泥和浓硝酸（浓度大约是70%）涂到铜字表面，再用毛刷蘸稀硝酸（浓度是50%）把铜字表面的金泥刷匀，然后用炭火盆反复烘烤，使金泥中的水银慢慢蒸发，并不断锤打，铜字表面渐渐由白变黄，在铜字表面留下一薄层黄金。最后，再用皂角水刷洗，经玛瑙压子压磨，就得到鎏金字了。除了人民英雄纪念碑以外，中国人民革命军事博物馆、故宫角楼、天坛的宝顶也都是鎏金的。在河北承德避暑山庄的外八庙，有一处庙宇，屋顶上有8条金龙，整个屋顶都是鎏金的，现在仍熠熠生辉。为建这座庙宇，共耗用黄金1000千克。

鎏金龙

黄金是非常稳定的金属，它很难被其他物质腐蚀，能长时间保持金黄色的光泽。

冷刀也能"切"除癌肿

自18世纪，英国的阿诺特医生用冷冻治疗乳腺癌的尝试以后，世界许多国家都相继开展了这方面的研究，并取得了可喜的成果。许多患有癌肿的病人，经过冷冻治疗之后，症状改善，病情好转，有的甚至连癌肿也消失了。有一位84岁的老人，舌头上长了鳞癌，经多方治疗均无效果。于是，医生决定用"冷刀"除癌。经过3次冷冻，仅3~4个月时间，癌肿便消失了，仅留下一小块很细的疤痕。

我国从20世纪70年代开始，也开展了冷冻医疗和冷刀（即低温冷冻）

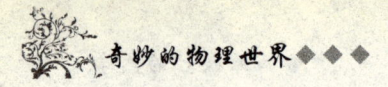

除瘤的工作,并取得了一些成绩。据浙江省中医院眼科和冷冻组报道,有一个42岁的农村妇女,左下眼睑有一肿块,皮肤高低不平,睑缘全层垂直裂开。经诊断,确诊为基底细胞癌。前后进行了两次冷刀手术。手术一个月后复查,瘤体消失,睑裂愈合,眼睑平整,结膜面光滑,疗效甚好。随访5年以上,无复发现象。

冷刀为什么能"切"除肿癌呢?近年来国内外科学研究的结果表明,在-40℃或更低温度的作用下,癌细胞内外会形成冰晶,使细胞脱水,电解质浓缩,代谢紊乱,进而引起细胞中毒;冷冻还会使细胞质的脂蛋白变性,造成细胞膜破裂;此外,冷冻又会引起组织淤血、小血管栓塞,导致癌细胞缺血性坏死。

夏天打开电冰箱的门,室内为什么不会凉快

夏天,屋子里很热。有人就想:如果把电冰箱的门打开,让冰箱里的"冷气"跑出来给屋子降降温,屋内是不是就会凉快一些呢?其实,这是根本行不通的。

根据能量守恒原理,电冰箱内制冷剂从箱内所吸收的热量和向箱外放出的热量总是相等的。箱门打开,箱内和箱外的热量就会通过外部进行平衡。总体来看,室内的热量并没有减少,所以室内温度没有改变。而且时间一长,运行的电动机等装置要发热。所以打开电冰箱的门,室内也不凉快。

电冰箱虽然是一种制冷设备,但它只能让箱里的温度降低,使放在里面的食品不会腐烂变质。而箱里的热量通过外面的散热器都散到了室内,因此在相同条件下,有电冰箱的屋子里比没有电冰箱的屋子里温度要高些。不过这个温度差要经过精确的测量才能测出。

神奇的光学

冬天穿深色衣服暖和吗

寒冷的冬天，穿着深色的衣服会觉得暖和；相反，炎热的夏天，穿着深色衣服就不合适了，会觉得热，而穿浅色的衣服会觉得凉快。为什么会有这种感觉呢？

棉 袄

原来是颜色在作怪，我们看到物体是白色，是由于所有的光都被反射，物体是黑色则是由于所有的光都被吸收的原因。黑色的物体能吸收较多的热量，使物体温度升高；反之，白色物体反射所有的光，所以吸热少，温度不大会上升。颜色越深，物体吸收光的热量就越多，所以冬天穿深色衣服会觉得暖和，夏天穿浅色衣服会觉得凉快。

天空为什么是蓝的

白天我们看到的天空是蓝色的，这是由于太阳光射入大气层后，与空气中肉眼看不到的小分子发生碰撞，而向各个方向散开来，引起散射现象。我们知道太阳光是红、橙、黄、绿、蓝、靛、紫七种颜色的光混合而成的，其蓝光最易于被散射，所以，天空白天呈蓝色；当夜晚降临时，太阳已经照射不到我们，太阳光也不会被大气分子及尘埃等散射，所以天空是漆黑的。

除了天空，海洋也是蓝色的。海水就像空气一样，能散射太阳光，同样蓝色光最易于被散射，所以海洋也是蔚蓝的。当然海水的颜色还与水深，水温及水中的浮游生物有关，因此海水的颜色有时是多变的。海洋呈现蓝色与天空呈现蓝色，并不完全是一回事儿，海水散射太阳光是一种无规则的反射，称为漫反射，而天空呈蓝色却不这样简单。

蓝 天

树荫下的小太阳

我们知道光是沿直线传播的，如果一个人站在一面钻有小孔的墙的前面，在墙的另一侧相隔几步远地方竖一个屏，当阳光照向这个人时，我们会在屏上得到这个人倒立的像，这就是常说的小孔成像。

夏日的树木，枝叶繁茂，树叶之间的空隙很小，阳光透过小孔照到地面，形成了太阳的像。由于太阳离我们过于遥远，所以我们得到的太阳的像很小，只是一个个圆形亮斑，我们称之为树荫下的小太阳。看来夏日的树荫尽管挡住了大部分阳光，却也在树荫下面收集了好多的小太阳。

冰柱是怎样形成的

北方的房屋都是尖顶的，而冬天之所以寒冷，是因为太阳不再直射。

冰　柱

冬日的阳光照在地面上照射角度大约只有20°，而面向太阳的屋顶同阳光却能成大约60°的角。也就是说，屋顶上的雪受的阳光热量要远大于地面，这样一来当地面温度低于0℃，仍然冰天雪地时，屋顶上的雪已经融化了。

雪水顺着屋檐往下滴，可屋檐下的温度低于0℃，而且水滴由于蒸发也会冷却，雪水自然要凝结起来，雪水不断地沿着原来的路线往下流，又不断地凝结，时间长了就结成了长长的冰柱。总结起来，冰柱的形成要归功于太阳了，还有就是北方的尖屋顶更利于接受阳光的照射，这样也免于屋顶积雪过多。

筷子放入水中为什么折了

当你把筷子放入盛水的碗中时，会发现筷子从水面处折了，这是为什么呢？我们已经知道光在一种介质中传播时，总是沿直线传播的。当光遇到两种介质的交界面时，一部分会像皮球一样反弹回去，叫反射；还有一部分会进入另一种介质，但是光线要发生偏折，叫做光的折射。筷子放入水中后，之所以会弯折，就是因为发生了光的折射现象。来自筷子底部的光线在从水中射向空气中时，在水面处会发生光的折射，使我们看到了筷子变弯的假象。

筷　子

美丽的彩虹是怎么形成的

虹是太阳光在空中水珠内发生色散而形成的。伟大的科学家牛顿告诉我们，当太阳光经过棱镜后被分解为红、橙、黄、绿、蓝、靛、紫的彩色光带，称为色散。下过雨后，大气里常常还悬浮着许多小水珠，这些小水珠就跟棱镜起相同的作用，能使太阳光发生色散，形成美丽的七色彩带——这就是悬挂在天空中的彩虹。

可能你还要问为什么会发生色散呀？这是因为当光从空气中射入棱镜或者小水珠中时，光线要发生偏折，这叫做光的折射现象，而且不同颜色的光，偏折的程度是不相同的，太阳光是七种颜色的光组合而成，其中每种颜色的光经过棱镜或小水珠后偏折程度都不相同，所以就把七种色光分解开了，这也就是色散。

美丽炫目的彩虹

彩色底片

彩色底片和黑白底片完全一样，都是一种背后涂有感光很灵敏的溴化银乳胶的胶片。彩色胶片与黑白胶片的不同之处在于，彩色胶片上涂有3层乳胶而不是1层。它的最上一层乳胶只对蓝色光感光，中间一层只对绿色光感光，最下一层只对红色光感光。

光线照在乳胶上所成的像要等到底片在冲洗药水中处理之后才会显影，

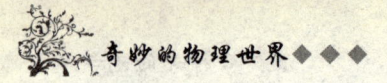

使用一种化学药剂与胶片上的溴化银起反应便产生色粒,不论是哪种胶片,在感红光的乳胶层上所得到的色粒是"青蓝",感蓝光的乳胶层上所得到的色粒是黄色,在感绿光的乳胶层上得到品红。

色彩形成之后,便将溴化银冲去而得到底片,与原来物体的色彩正好相反,这底片可以做正片,印在感色光的照相纸上。

平静的湖面会像镜子一样反射光

在远处看湖水,我们会感到它犹如一面大镜子一样反射光,耀眼夺目。类似的现象很多,清晨到户外去散步,一眼向东方望去,远处楼房的窗玻璃也像镜面一样反射光;即便是一块黑色的塑料板,将它平放在桌子上,接近水平方向逆光看去,也像镜面一样反射光。这是为什么呢?

不妨做一个小实验。在做实验前,先给入射角、反射角和法线下个定义。平面玻璃的垂线叫法线,入射光与法线的夹角叫入射角,反射光与法线的夹角叫反射角。把一块窗玻璃放在日光照射到的地方,先让日光的入射角很小,用眼睛搜索反射光,发现玻璃表面不太亮;然后转动玻璃使入射角增大,摆动头跟踪反射光,我们会感觉到玻璃表面愈来愈亮,当入射角增大到接近90°(称为掠入射)时,会感觉到玻璃表面亮得难以让人睁开眼睛。

严密的实验证明:反射光总是在入射光与法线组成的平面(叫入射面)内,并且反射光与入射光分居法线两侧,反射角总是等于入射角,称为反射定律。反射光的强度与入射角有关,当掠入射时,反射光的强度几乎与入射光的强度相等。

平静的湖泊表面在日光掠入射的条件下,像镜子一样亮就是这个道理。那么,黑色塑料板为什么也会像镜子一样反射呢?当入射角不大时,黑色塑料板表面反射回来的光强度只占入射光强度的百分之几,绝大部分入射光的能量被吸收了,所以呈现黑色;当呈掠入射时,黑色塑料板表面反

水面倒影

回来的光强度几乎与入射光强度相等，被塑料板吸收的光能量微乎其微，因此黑色塑料板也像镜子一样亮。

酒杯的彩蝶也会翩翩起舞

我国有出古戏叫《游龟山》，剧中男主人公赠给女主人公的定情物，是一只具有特殊功能的杯子，当斟酒入杯后，见有彩蝶飞舞，而当酒尽杯空后，彩蝶也就不见了。这只杯子实在奇妙，所以戏名也就改叫《蝴蝶杯》了。这种杯子，并非文人、剧作家的虚构。几年前，山西省侯马市就仿制成功了。有的用美人头代替蝴蝶，制成"美人杯"，深受人们的喜欢。

这种杯的杯身比较深，犹如一只反口金铃安在高高的杯脚之上。在杯底中心嵌入一个凸透镜，在杯脚里面的某一点上，以极细的弹簧挂上一只彩色小蝴蝶（或小金鱼），使它位于凸透镜的焦点之外而接近焦点。当往杯里斟酒或水时，酒（或水）与凸透镜上表面形成一个平凹透镜，这个平凹透镜与凸透镜组合成复合透镜，它的焦距大于凸透镜的焦距。

要揭开蝴蝶杯之谜，我们从放大镜（凸透镜）的成像说起。用放大镜看书，当文字位于放大镜焦点之内时，放大镜将文字形成一个放大的虚像（位于放大镜下方），眼睛通过透镜看文字的虚像，这时虚像到眼睛的距离为25厘米，看起来最清楚，称之为明视距离。把放大镜往眼睛这侧移动，移到某个位置之后，便看不见文字了，此刻文字位于放大镜的焦点之外而小于两倍的焦距，将形成文字的放大实像，实像位于放大镜上方（与眼睛同侧），由于像不在明视距离上，所以看不见文字。蝴蝶杯的成像与此相仿。空杯时，蝴蝶位于凸透镜焦点之外而接近焦点，所以看不见它。斟酒（或水）入杯之后，由于复合透镜的焦距变长了，使得蝴蝶位于焦点之内，因此能看见蝴蝶。将杯子拿在手中，细弹簧上的小蝴蝶总会有微小的颤动，它的放大像便翩翩起舞了。

猫的眼睛在夜间能发光

你喜欢猫吗？它那圆圆的大眼睛，在昏暗的夜色中闪烁着熠熠的光芒，给人们带来许多美丽的遐想。然而你曾想过猫眼为什么会发光吗？

视觉研究表明：猫眼的瞳孔在夜晚开得最大，以便尽可能多地收集夜间微弱的光线。猫眼的视网膜后面还有一层可以反光的特殊薄膜，称为反光组织。它可以把进入猫眼未被视网膜吸收的光线反射回去，重新为视细胞所吸收，从而增强了猫眼的视功能。部分光线反射出猫眼，于是人们就感觉到猫眼在发光。

自古以来，人类就被生物界的奥秘所吸引。人们无比羡慕生物体结构的精巧，赞叹机体机能的奇异，一直幻想着能制造出生物系统机能和结构特征的仪器设备，促进人造技术系统的发展，这就是仿生科学。人们受鸟儿能在天空中翱翔的启发，发明了飞机；受鱼儿能在水中游动的启发，发明了潜艇等等。那么，神奇的猫眼反光组织又促使人们发现了什么呢？这就是后向反射现象。猫眼的后向反射材料是由球透镜和反光层组成的，从而制造出了各种后向反射材料。目前在国际市场上已经出现了三种不同的后向反射材料，即围栏型、胶囊型和锥角型后向反射材料。反光标志灯属于锥角型后向反射材料，而道路反光标志则属于胶囊型后向反射材料。

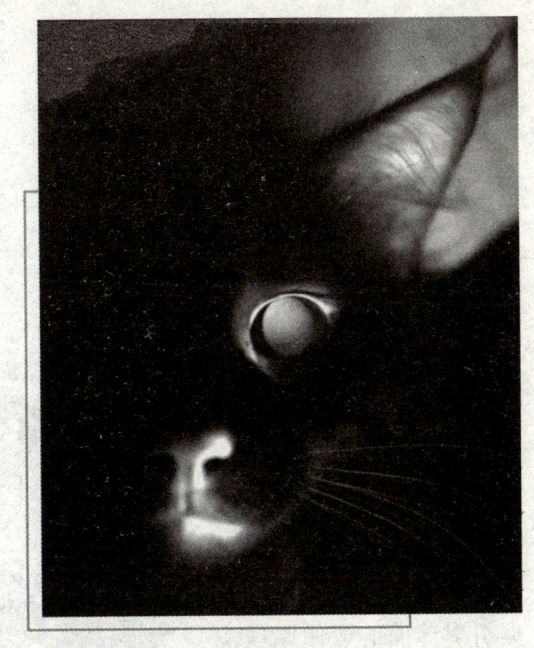

猫眼闪烁

　　后向反射与漫反射、镜面反射不同。后向反射材料向后反射的光线方向基本上平行于入射光的方向，但传播方向与入射光线方向相反。漫反射是粗糙表面（如白纸、墙壁等）的反射属性，当光照射到粗糙表面时，反射光线的方向是四面八方的，称为漫反射。镜面反射是指反射光线与入射光线的方向满足反射定律，光滑的表面都产生镜面反射。

　　在白天，后向反射材料除了有照明方向的后向反射光之外，还有由日光和天空光的漫反射光，后向反射光并不占优势，因此，后向反射材料看上去就与普通漫射材料没有什么两样。但是，在夜间，照明方向的后向反射光占优势，后向反射材料在光照下就呈现出十分明亮的光辉。

球形鱼缸内金鱼自己会变形

如果你用球形鱼缸养金鱼,鱼儿在缸内游动时,你会看到鱼儿千姿百态,形象失真,一会儿变长了,一会儿又变粗了,一会儿变得越来越大,一会儿游速越来越快。这是为什么呢?

在球形鱼缸里倒入水之后,由于水的折射率约为1.33,而空气的折射率约为1,缸内、缸外的折射率不同,所以构成了球面折射面。根据折射球面的成像原理,鱼儿在一般位置上,因垂轴放大率和轴向放大率不同,鱼儿的表现形态就发生了变化。当鱼

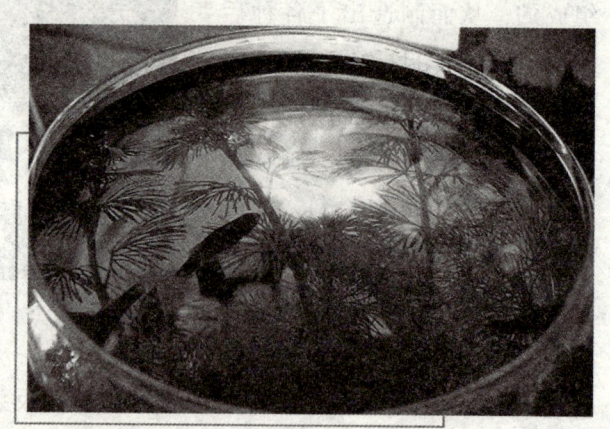

球形鱼缸

儿游到某个位置时,如果垂轴放大率大于轴向放大率,鱼儿就变得短而粗;当鱼儿游到另外一位置时,轴向放大率大于垂轴放大率,这时,鱼儿就变得细而长;只有鱼儿游到球形鱼缸中心附近时,垂轴放大率和轴向放大率相等,鱼儿以同样的倍数放大,人们才能看到放大的、不失真的鱼儿。那么,鱼儿速度的变化又是怎么回事呢?假设鱼儿匀速游动,由于不同位置,鱼儿的轴向放大倍率不同,所以在单位时间内鱼儿游动的表现距离也不同,也就是鱼儿游动的速度有快有慢。这就是球形鱼缸内游鱼形态和速度变化的光学原理。

神奇的夜光玉

古代魏国人田父有，在荒山中采得一块原玉，直径一尺（约0.33米），但是尚不能确定是不是宝玉。他把这件事告诉邻居某人，邻居欺骗他说："这是一块怪石，藏在家里是不吉利的。"田父有虽然觉得疑惑，但是仍旧把原玉放在厅堂边的廊屋里。当天晚上，他们看到原玉会自己发光，把屋内照亮了。一家人看到原玉的奇异放光现象，感到很恐惧，结果就把它丢弃于荒野。邻居拾取了这块原玉，献给魏王。经过玉工的识别，这确实是一块无价之宝。魏王就赐给献宝者千金，并且封他做上大夫的官。这段故事的记载于《太平御览》。

夜光玉

《太平御览》是一部给宋代皇帝看的大型百科全书，并非神话小说，应该是一种事实的记载。从现在科学的观点来加以分析，原玉的发光是一种放射现象，其实质是放射性物质产生的荧光。这件事发生在公元前300多年的古代魏国，可以说是最早发现的放射性荧光现象，并有可靠的史书记载。可惜限于当时的科学技术水平不可能对这种荧光现象作深入的研究，而后代人也没有引起重视。隔了2000多年，在1902年底，居里夫妇经过深入研究物质的放射性现象，提炼出氯化镭。一天晚上，他俩在实验小棚屋里，第一次看到氯化镭发射出蓝色的荧光。

人眼睛看物体近大远小

远处的树木比近处的树木，看起来小得多，远方的高山看起来不如近处的楼房高。人的眼睛看物体为什么总是近大远小呢？

原来，眼睛里的水晶体相当于一个凸透镜，视网膜相当于像面。若看清楚某个物体，必须使它的像落在视网膜上。从人眼瞳孔中心对物体的张角叫视角，由于瞳孔中心对视网膜的张角与视角相等，所以视角的大小决定了视网膜上物体的像的大小。同样高的两棵树，离开眼睛远的一棵，它的视角比近处的那棵的视角小，因此，远处的树看起来比近处的小，近大远小就是这个道理。

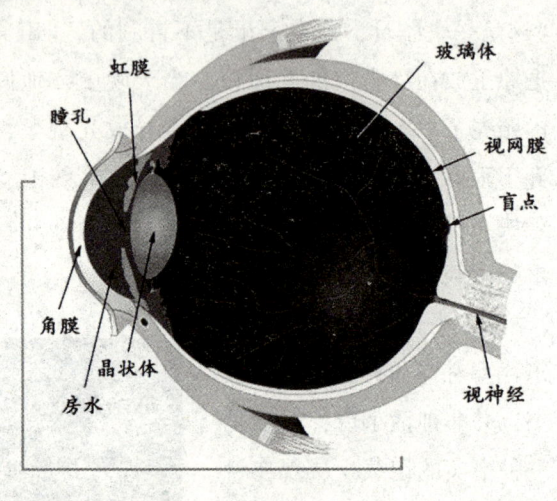

眼睛结构图

当物体离眼睛太远或太近时，就看不清楚了，这是为什么？原来人眼的调节是靠水晶体的作用。当眼睛里的肌肉完全放松时，水晶体的两个曲面的曲率半径为最大，这时远处的地点能在视网膜上形成清晰的像，称这个物点到眼的距离为远点。如果物体在远点以外，人眼就看不清楚了。当物体靠近人眼时，为了看清物体，肌肉就必须压紧水晶体，使它的两个曲率半径变小。物体移近一定程度，这时水晶体的两个曲率半径已经达到最小，这时物点到眼的距离叫近点。如果物体处于近点之内，由于水晶体的两个曲率半径不能再变小了，使得像落在视网膜之外，因此，物体就看不清楚了。

人们都有这样的经验,当物体靠得太近时,人眼就不能区别它们了。这又是为什么呢?由于人眼的瞳孔直径是有限的(在1.4~8毫米可以调节),物体发出的光波受瞳孔的限制,将要产生衍射现象,使得一个物点在视网膜上形成一个弥散开的光斑,如两个物点在视网膜上各自形成的弥散光斑互相重叠到一定程度,人眼就分辨不开是两个物点了。人眼分辨物体细节的能力叫分辨率。人眼的分辨角(即刚好能分辨开的两个物点对瞳孔中心的张角)正比于光波的波长,反比于瞳孔的直径。在正常情况下,眼睛的分辨角约为3分,这相当在1千米远处相距为75厘米的两个物点,也相当于在明视距离(一般的眼睛看眼前25厘米处的物体是不费力的,称这个距离为明视距离)上,相距为0.2毫米的两条线。因此,人眼在明视距离上的分辨率是每毫米5对线,超过这个数就分辨不清了。

照片放在玻璃板下会升高

如果把压在玻璃板下的照片抽出一半,你就会发现:相片好像折断了,而且玻璃板里面的一半比外面的一半明显地高出了2~3毫米。这是怎么回事呢?原来这是光线折射的结果。

折射是当光线从一种媒质进入另一种媒质时,由于在两种媒质中传播的速度不同,在平滑的分界面上发生偏折的现象。光线屈折和相片升高有什么关系呢?根据光的折射定律,当光线从玻璃进入空气的时候,在分界面上改变了原来直线的方向,它向玻璃面偏折了一个角度。我们眼睛所看到的,正是这股已经偏转了方向的光线,但是眼睛没有觉察出来,还以为这光线是沿直线射过来的。因此,假如照片紧压在玻璃板下面,从照片射出的光要经过折射才进入我们的眼睛。我们所看到的照片,就好像是在折射线的反向延长线上。同不经过玻璃板折射相比,经过折射的照片确实看起来升高了。

如果你垂直于玻璃板看照片,你又会发现照片并没有升高。这是因为

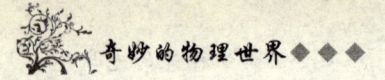

光线还有个脾气，那就是当它沿垂直于分界面的路线，从一种媒质进入另一媒质时，可以不转向，也就是说这时光偏折的角度等于零。正是由于这个道理，我们在看装满水的脸盆时，越斜看就变得越浅；要是走近一些看，脸盆中的水仿佛又变深了许多。

光线耍的这套把戏，常使人们的眼睛受到欺骗：百发百中的神枪手，如果按常规的方法射击水里的游鱼，就会当众出丑。而有经验的渔夫用鱼叉叉鱼时，决不会朝着鱼下叉，因为那只不过是鱼的虚像。他必定是朝着略近和略深一些的地方用力刺去，这样，一条活蹦乱跳的鱼就被牢牢地叉住了。

在我们的生活中，光的折射现象是经常可以看到的。比如，插在水杯里的汤匙，浸在水里的部分，看起来是向上弯折的。又如，你站在清清的小溪旁边，你看看清澈的溪水最多不过 1 米多深，但你千万不要贸然跳下去，因为原来估计不过齐胸深的水，一旦跳下去竟然会淹没了你的鼻子尖。

魔术师巧用光学技术

在文艺舞台上，从布景到演出，多是利用各种光学原理来强化舞台气氛，加强艺术效果。魔术师们就经常采用光学原理进行魔术表演，展现出神奇的艺术情景，使人惊叹不已。

1982 年，法国巴黎举行世界魔术锦标赛，在演出"人体腾空"的节目时，魔术师故意在幽深的舞台两侧设置燃烧着的火盆，升起熊熊的烈火，显得耀人眼目，并以柔和的舞台灯光照耀着女演员那美丽的身姿，两者紧紧地吸引住了观众的视线。而把那撑持女演员的黑色支架巧妙地隐蔽在黑沉沉的帷幕之中，使人视而不见。这样观众就觉得演员好像是缓缓地从地面腾空而起，悬浮在舞台的上方。这里，一方面魔术师采用了转移观众视线的方法，更重要的是利用了人眼分辨物体靠反差（补度）和彩色不同的条件。如，在暗背景中，黑色物体不易被发觉；而在明亮的背景中，白色物体不易被发觉。美国魔术大师大卫·科波菲尔在电视里表演了"自由女神的消失"、机场上"飞机的消逝"等节目,就是根据这一光学原理获得成功的。

在表演"推斗式人体三分柜"的节目中,让观众看到的情景,是魔术师对柜内的女演员拦腰插入两块"钢刀板",将她切成三段,

魔术师大卫的"自由女神的消失"的魔术表演

而演员的头、脚在活动。等到把钢刀抽出后,女演员却安然无恙,真是惊险神秘,令人叫绝。其实女演员纤细的腰身只占据一部分空间,并且是暗区,其余部分又特别亮,使人视觉看不清楚。人们都有这样的经验,同样大小的黑色物体和白色物体,看起来白色物体显得大些,而黑色物体显得小些,这是人眼视觉的错觉造成的。正是如此,在特别明亮的部位下面的小暗区,看起来暗区显得特别狭窄,特别暗,好似钢刀真的将人完全切割成三段。

H 荧光灯为何受到人们的重视

现代的家庭照明几乎用荧光灯代替了白炽灯。可是你见过这样的荧光灯吗?它的两根又细又短的灯管并排在一起,有一端还是连通的,像英文字母"H",我国称它为 H 形荧光灯或 H 灯。

这种荧光灯是荷兰飞利浦公司在 1982 年首先研制成功的,并宣称"H 荧光灯是又一代新光源",还预言:"在不太长的时间里,随着 H 荧光灯的优点逐步被人们认识,它将会越来越受到人们的欢迎,成千上万的普通白

炽灯将会被它们取代。"

H荧光灯为什么受到人们如此重视？这主要是由于这种灯的特点决定的，它的最大特点是节能。一般来说，在光通量相等的条件下，H灯比普通荧光灯节电30%，比普通白炽灯节电80%。具体点说，一支9瓦的H灯竟同60瓦的白炽灯同样亮。另一个特点是光色宜人，显色性比普通荧光灯好，十分接近白炽灯，而不具有普通荧光灯所具有的冷光效果（不烫手）。

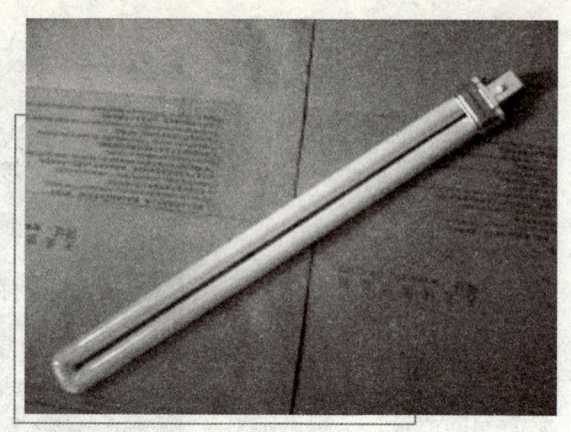

H形灯

H灯的这些特点决定于它的特殊结构。H灯的放电管由两根内径为10毫米的细玻璃管组成，玻璃管的上端通过桥式结构联接，桥式结构的上部是冷端，下端引出电极。灯管内壁涂有三基色荧光粉。由于采用桥式联接，使两管放电均匀；由于上端是冷端，使灯管内的汞蒸气保持最佳蒸气压，从而获得最多的紫外光；又由于三基色的转化效率高，就会有更多的紫外光激发三基色荧光粉而发出可见光，从而提高了灯的发光效率，因此H灯省电。因为H灯的管壁涂布的三基色荧光粉具有良好的彩色效果，所以灯的光色宜人，非常接近白炽灯的光色。

我国从1983年开始研制并生产H灯，目前，H灯的规格有7瓦、9瓦、11瓦、13瓦、18瓦、27瓦、36瓦等，它们发出的光通量分别相当于45瓦、60瓦、70瓦、80瓦、100瓦、150瓦、200瓦的普通白炽灯的光通量。其中7～13瓦H灯采用专门设计的镇流器；而18瓦、27瓦、36瓦的H灯分别采用15瓦、20瓦、40瓦普通荧光灯镇流器。通常，7～13瓦H灯适合于家庭照明，18～36瓦H灯可用于大房间、办公室、会议室、教室照明。

马路上的绿色信号灯因何要换成蓝绿色

红、绿灯被世界各国用来作为交通信号灯，而一直沿袭至今。

近年来，一些大城市在不少交通要道上却把绿色信号灯换成了稍微偏蓝的蓝绿色信号灯。这是为什么呢？

在千变万化的颜色中，红、绿、蓝是三种基本色光。我们眼睛里视网膜上的圆锥视觉细胞，正是按这三种基本色分工的。它们有的专管感受红色光，有的专管感受绿色光，有的则专管感受蓝色光。不管是什么颜色，色光进入眼睛射到圆锥视觉细胞上，它们就按红、绿、蓝三色分开，分别接收下来，通过各自专用的神经传给脑子，在脑子里再按传来的三色深浅、多少搭配起来，人们就认出是什么颜色。在现实生活中，一些人色觉异常，被称为色盲。全色盲的人很少见，绝大多数是部分色盲。比如有红色盲、绿色盲、紫色盲和红绿色盲，其中以红绿色盲较多。

因此，在选用汽车司机之前，必须检查他们是否患有色盲症，交通信号中，把绿色信号灯换成蓝绿色信号灯，就是对那些患有红绿色盲症驾驶员和骑自行车的人的一种预防性措施，因为患红绿色盲症的人，虽然对红与绿失去了分辨能力，但他们对蓝绿色是能够分辨出来的。

台灯灯罩最好用半透明材料制作

台灯的灯罩可使灯泡向四周散射的光线重新进行分配，避免灯丝对人眼产生眩光。这与制作灯罩的材料有关。

用不透明材料制成的台灯灯罩，会使桌面上的亮度很大，灯具四周的亮度很小，形成一个强烈的明暗对比。而人眼的视野较大，两眼平视时，在以两眼为中心左右180°、上下120°范围内的景物，都能反映到我们的视觉中来。当眼睛注意着灯下明亮的物体时，灯具两侧的黑暗部分也能进入视觉，强烈的明暗对比会很快引起视觉疲劳。灯罩造成的黑暗阴影，也易使人产生一种压抑、沉闷的感觉。用半透明材料制成的灯罩，一部分光线能透过灯罩均匀地射向四周。灯下与灯具四周的亮度对比不会太大，使人感到光线柔和、视觉舒适，也不易引起视觉疲劳。所以，台灯灯罩最好用半透明材料制作。

无源路灯也能"发光"

半透明灯罩

在德国慕尼黑市的郊区有一条高速公路。人们乘坐的汽车在这条公路上高速奔驰，可是看不见公路上有任何路灯照明。突然车灯亮了，发出两道白光，与此同时，公路两旁的两排路灯也发出耀眼的光芒，左边一排为单灯，右边一排为双灯，照亮了公路的路面和走向，蜿蜒弯曲伸向远方。往后看，不见一盏标灯。往前看，前方的标灯相对于汽车在迅速移动，车一靠近便逐次熄灭，隐没在昏暗的夜色之中。这情景发生在刹那之间，令人叫绝，这其中有什么奥妙呢？

如果你走到路标跟前仔细观察，就会发现，路标是一个高不过1米、宽不过10厘米的方形水泥桩，它的正面偏上方有一个高约10厘米、宽约3厘米的浅槽，内镶一块有机玻璃，外面既无电源线，内部也看不见灯泡之类的发光设备。再仔细看这块有机玻璃，它的外表面平滑光洁，内表面却布满了六角蜂房状花纹，原来是个回光镜。

由于回光镜的外表面是平面，而内表面由整齐排列的正立方微棱镜构成，所以回光镜与反射镜不同。反射镜可以改变光线的方向，也可以使光线按原路返回，这时入射光必须垂直于镜面。而回光镜的每个微棱镜都有三个互相垂直的平面可以反射光,光线由平面入射,经过三个互相垂直的平面反射后按原路返回,这是回光镜的第一个特点。当入射角增大到棱面上的入射角小于临界角时,该棱面不能产生全反射,光能损耗很大,形成盲区,这是回光镜的第二个特点。当入射角继续增大时,入射光可能与三个棱面之一平行,这时光线只在两个互相垂直的平面上产生反射,形成回光的极强区,这是回光镜的第三个特点。

正是因为回光镜有以上三个特点,因此,它作为路标代替路灯,当汽车的前灯打开时,灯光照射到回光镜上,再由回光镜将灯光反射回来,就如同无源路灯自身"发光"一样。这样既照亮了路面、车辆,而又节省能源。

卤钨灯比白炽灯发光效率高

1879年,美国伟大的发明家爱迪生发明了电灯。从那时起到现在,短短的100多年,电光源已发展为大家族:白炽灯,卤钨灯,荧光灯,高、低压钠灯,高、低压汞灯,金属卤化物灯,氙灯等等。电光源的品种虽然繁多,但是按其发光原理分类,不外乎两大类,即热辐射电光源和气体放电光源。

白炽灯就属于热辐射电光源。这类电光源依靠电能把钨丝加热至高温白炽状态而发光。当钨丝的温度达2000℃以上后,就会发出可见光,除了可见光还有红外光和紫外光。当钨丝的温度降低时,可见光减少,红外光增多;当温度升高时,可见光增多,红外光减少。

白炽灯的最大优点是成本低,使用方便,被广泛地应用于各种室内外照明。美中不足的是,在所有的灯中,白炽灯的发光效率最低,所谓发光效率就是灯发射光通量与供给它的电功率的百分比。这是因为钨丝的温度过高,钨会蒸发,挥发的钨原子不能回到钨丝上,所以它的工作温度提不高,发光效率也就不能提高。

卤钨灯的灯泡里充以卤素化合物，卤素化合物能使挥发的钨原子重新回到钨丝上，这就是美国人弗里德里奇在1959年提出的卤钨循环原理。这就从根本上解决了钨蒸发问题，提高了钨丝的温度，从而不仅提高了发光效率，使之能做成大功率的灯，而且还延长了灯的寿命。

卤钨灯被广泛应用于电影、电视及舞台照明上，并被作为光学仪器的光源。

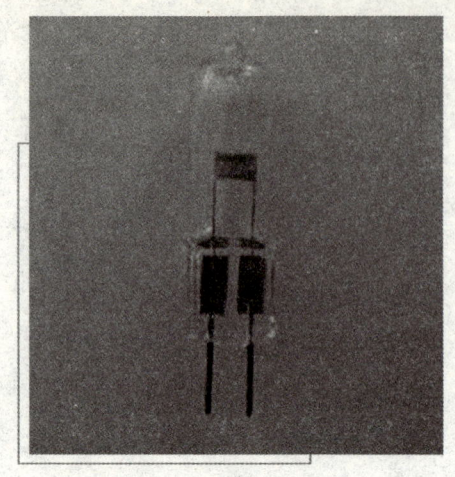
卤钨灯

荧光高压汞灯为何能改善光色

几年以前，道路两旁的路灯大都是高压汞灯。这种灯的灯泡里充有汞（水银），为了使冷的灯容易点燃，还充有氩或氩和氖的混合气体。当灯被点燃时，两个电极之间产生弧光，称之为弧光放电。不过，闪电和电焊的弧光是在空气中产生的气体放电，而高压汞灯是在封闭的汞蒸气中产生的气体放电。高压汞灯的发光分为两种，一种是热电极产生的热辐射，这种发光和白炽灯相同；另外一种是汞原子和汞离子的发光，这种发光与热辐射不同，热辐射产生连续的光谱，而原子（离子）发光产生不同波长的线光谱。由于汞原子（离子）所发的光色中蓝、紫色居多，红色较少，所以在汞灯下，人的皮肤发青，看红色物体呈暗紫色。所以人们认为汞灯的光色不好。

怎样改善汞灯的光色呢？人们在汞灯的内壁涂布一层荧光粉，称为荧光高压汞灯，以便改善光色。因为汞原子除了辐射可见光，还有紫外光

（人眼睛看不见）。当紫外光照射到荧光粉上时，使荧光物质激发，从而产生可见光。这样不仅改善了光色，还因荧光物质把看不见的紫外光转化为可见光，而提高了灯的发光效率。

霓虹灯会发射彩色光的原因是什么

在城镇中广泛使用彩色霓虹灯，闪烁的彩色灯使各类商店、舞厅和种类繁多的商品显得十分夺目，也使夜间的城镇变得更加美丽。

你用过测电笔吗？其实测电笔中的氖管就是一支简单的霓虹灯管。常见的霓虹灯主要是由灯管、装在灯管两端的电极和管内充入的气体组成的。灯管是由直径10～20毫米、长3～6米的玻璃管折成各种形状而做成的。常用的气体为少量的氖、氩、氙等惰性气体，它们就是发光物质。

当霓虹灯两端的电压达到一定数值时，气体发生电离，形成正离子和电子，它们在电场中获得足够动能，正离子轰击阴极，产生二次电子发射，这过程重复地进行，直到形成稳定的放电电流。有足够能量的电子与原子碰撞，电子将部分动能传递给原子，使它激发，被激发的原子将多余的能

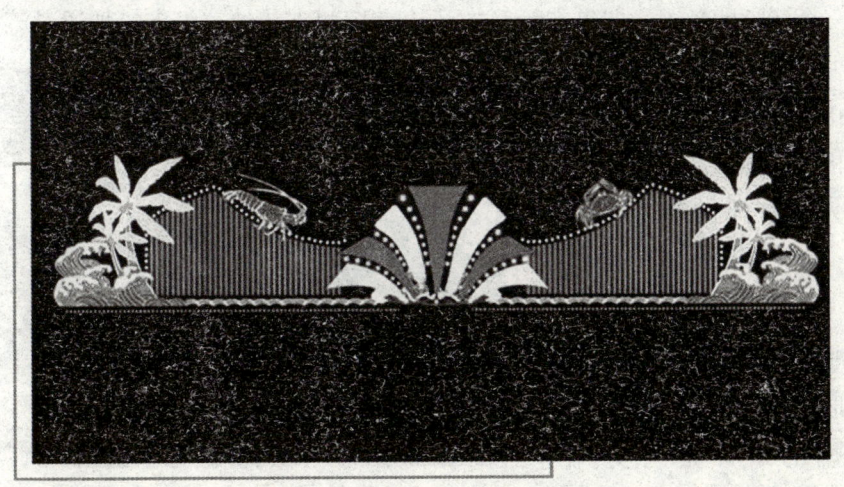

霓虹灯

量以光的形式释放出来，这就是原子发光，其波长与能量成反比。由于原子的激发是有选择性的，所以不同的原子发射不同波长的彩色光。这就是霓虹灯管内的辉光放电。

霓虹灯的颜色由管内充入的气体和管壁颜色决定。如在透明的玻璃管内，充入氖气呈现红色；充入氦和氖气，呈粉红色；充入氖气和少量汞，呈淡蓝色；充入氦和少量汞，呈纯蓝色；充入氙气，呈鲜蓝色；充入氩气，呈蓝灰色；充入氮气，呈淡紫色。如果将玻璃管着上各种透明颜色，这样就会使霓虹灯发出各种鲜艳的彩光。如在黄色玻璃管内，充氖气，呈橘黄色；充入氦气，呈黄色；充入氖气、氩气及少量汞，呈绿色。在蓝色的玻璃管内充氖气，呈紫色。

无影灯的设计原理

影子是怎样形成的？从光源发出的光沿直线向前传播，投射到不透明物体上，就会形成阴影。

假如把一个圆形笔筒放在桌子上，在旁边点燃一支蜡烛，笔筒就会投下一个清晰的影子。如果在笔筒的旁边点燃两支蜡烛，每支蜡烛通过笔筒都可形成一个阴影，两个阴影相叠而不重合。在两个阴影相叠的锥形部分，完全没有光线射到这里，是全黑的，这就是本影。在本影旁边，只有一支蜡烛可以照到的地方就是半明半暗的，这就是半影。如果在笔筒旁边点燃的蜡烛是三支、四支……本影部分就会逐渐减

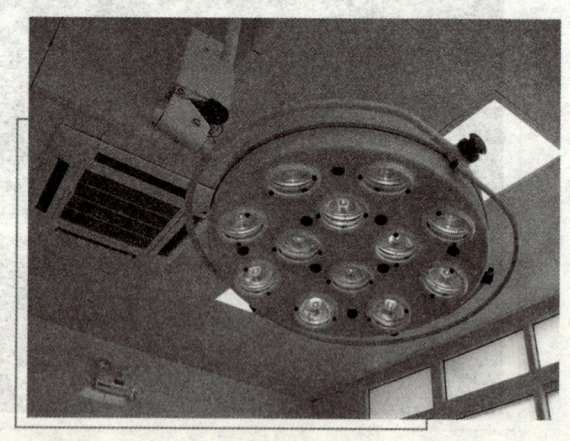

手术无影灯

小，而半影部分也会出现很多层次，越是离开本影区变得越淡，最外边的半影几乎淡得分不清了。如果笔筒周围点上一圈蜡烛，那就再也没有光照不到的地方了，这时，本影完全消失，而半影部分也淡得看不见了。

无影灯就是根据这个原理设计的。把高发光强度的光源在很大的灯盘上圆形地排列起来，灯光从不同的角度照射下来，下面就能产生无影的效果。医生动起手术来，就可操作自如了。

激光是一种特殊的光

激光与普通的光有什么不同？为什么说它是一种特殊的光？要说明这个问题，我们必需了解原子的微观性质。我们知道，组成物质的原子是由原子核和外层运动着的电子组成。原子的能量是不连续的，是按一定的原子能级分布的。一般情况下，大多数原子都处于基态低能级，当外界给予原子一定的能量时，就有可能把电子送到较外层的轨道上去（越外层的电子运动得越快），这时原子也就相应地从低能态跃迁到高能态。原子处于高能态时是不稳定的，它有返回低能态的趋势。当原子自发地从高能态跳回到低能态时，就将多余的能量以光子的形式辐射出来，这叫做自发辐射。如果处在高能态的原子，在外部光能"刺激"下跳回到低能态，就需要外来的入射光子的能量，严格地等于两能级之间的能量差。实现这种跃迁时所辐射出的光子性质与外来光子的性质一模一样，这样就一个变两个，使光子成倍地增加，这就是受激辐射。普通光是物质自发辐射产生的，而激光是由物质受激辐射产生的。

激光与普通光就其本质来说，都是电磁波，它们的传播速度都是每秒30万千米，但激光还有着自己独特的物理性质：

（1）单色性极好。一束光的颜色单纯不单纯，实际上是它的波长一致不一致。可见光的波长是4000～7600埃。普通某种颜色的光，都包含了一定范围内不同波长的光，例如，红光包含了6000～7000埃的光。而激光的波长非常一致，它一束光中的波长的差别只有1/10000000埃甚至更小，是一种单色性极好的光。

（2）亮度极高。它可以比太阳表面的亮度高100亿倍。

（3）方向性极好。方向性，就是指光的集中程度。激光器发出的激光照射到远离地球38万千米的月球上，它的光斑的直径也只有2～3千米，光束的发散角比探照灯的小几千倍。

激　光

由于上述的物理特性，激光可以在千分之几秒甚至更短的时间里，使一切难以熔化的物质熔解以至气化；也可在百分之几毫米的范围内产生几百万度的高温、几百万个大气压、每厘米几千万伏的强电场。

由于激光的特性，它在很多领域得到了广泛的应用。在工业上，激光可以用来加工各种硬、脆、韧的材料；可以打只有头发丝1/10的微孔，进行高速、精密加工，可以进行切割、焊接的表处理等。现在激光已成为一种高、精、尖的加工工具。在医学上，使用激光手术刀，可以进行细微的手术，既不流血也无痛感；在军事上，激光雷达可以精确地测量和跟踪目标。激光武器具有很大杀伤力，可以用来截击敌人的飞机和导弹；激光还可以用于保密通信，它可以同时传送1000万套电视节目和100亿路电话；激光电视、激光计算机、激光核聚变等各种新的激光装置和应用也正在研制中。

激光加工

激光加工是指将激光作为热源进行的热加工。由于激光具有极好的方向性和极高的功率密度,所以近年来,它在打孔、切割、焊接、光刻等许多方面得到广泛的应用。

1966年用机械方法在金刚石拉丝模上打一个深1.25毫米的孔需24小时,而目前采用激光打孔只需不到2秒钟而且大大降低了加工成本,提高了加工精度。

使用激光可以切割木材、布匹、塑料、玻璃、陶瓷、各种金属或合金材料。使用激光切割材料,精度可高达百分之几毫米,而且不变形,一般不需后续加工。用激光切割一种特硬陶瓷材料,速度是金刚石刀具的10倍,并且能方便地进行曲线切割。使用激光可焊接多种金属和非金属材料,并使生产效率比传统的焊接办法提高几倍到十几倍。

值得一提的是采用激光技术提高光刻的分辨率对于制造大规模集成电路具有重要意义。

目前,一些发达国家正在积极研究将激光加工机、计算机和机器人等组成柔性加工系统,用于多品种、小批量的产品加工,前景十分美好。

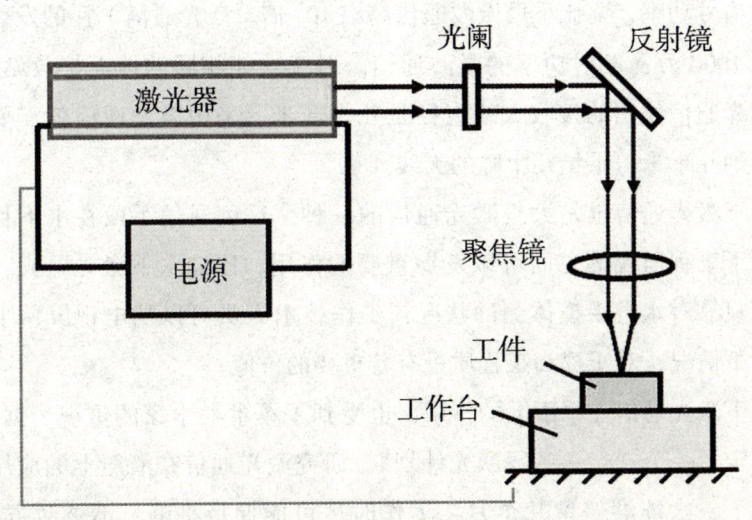

激光加工原理图

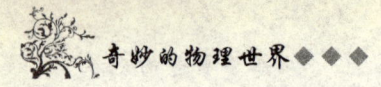

激光大气通信

光通信是通信家族中资格最老的一个成员。我国古代建造的烽火台，就是利用点燃的烽火传递信息。18世纪末，法国人也曾经建造过远距离的光通信系统，在山顶上立起不同颜色的标杆，用来传递信息。

1961年3月，世界上第一台激光器研制成功，理想的光源找到了。光通信很快取得了突破性的进展，激光通信应运而生。

激光通信一般分为两种：一种与普通的有线电通信类似，由光纤传播信号，也就是光纤通信；另一种与无线电通信相类似，信号直接在大气中传播，这就是激光大气通信。激光大气通信在卫星通信上有很大的发展潜力。目前，卫星通信采用微波作为信息载体。由于微波通信要求有较大的发射功率、较大面积的发射天线和接收天线，同时由于微波通信的频段越来越拥挤，限制了卫星通信容量的增加。所以，现在不少科学家把目光转向了激光。因为，如果卫星的发射功率是相同的，采用激光通信地面站接收到的信号功率，要比采用微波通信高出10^7倍。激光通信1瓦的发射功率抵得上1000万瓦发射功率的微波通信。对于功能相同的地面接收站来说，如果激光通信使用的接收天线直径是几十厘米，采用微波通信就需要直径十几米到几十米，重量几十吨的天线。

水下激光通信也是大气激光通信的一种，这种通信手段在水下目标检测和水下工程监视等方面可以发挥重要的作用。比如水下激光电视，改变了过去只靠潜水员手摸体测的状况，工作技术人员可以从电视屏幕上直接看到水下情况，对于提高工程质量有着重要的价值。

水下激光通信在军事上的作用，也受到了军事科学家的重视。据报道，美国制定了一个"兰——绿激光计划"，研究激光通信在潜艇上的应用。潜艇在水下一次能够停留几个月，工作时尽可能保持平静，不被敌方发现，这是保存自己的重要手段。但潜艇在水下暗中活动，不可能长时间同外界隔绝,在紧要关头还需要浮到水面上来接收和传递信息,如果采用通常的无线电通信手段,被敌方发现的可能性就很大。因此,很需要一种隐蔽的通信手段,它既能使潜艇在深水中同外界保持通信联系,又不容易被敌方跟踪。激光通信就是理想的通信手段之一。

大气激光通信是一种正

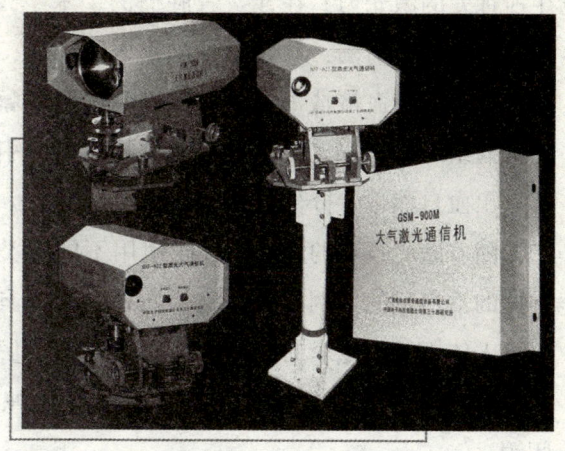

大气激光通信系统

在发展中的通信技术,还有许多技术问题需要解决。但是,它的发展前景是十分美好的,不久的将来,必将成为一种非常重要的通信手段。

激光在医学上的应用

目前流行的近视激光手术,正是激光在医学上最好的应用之一。

这种手术是用激光切除眼睛角膜的一些组织,以改变角膜的曲率,矫正近视、远视和散光等视力障碍。有关专家特别为这种手术设计制造了准分子激光器,它由计算机控制,能把光波调到激光矫正视力手术所需的最佳波长。医生们手术时,只需将患者眼睛固定,把矫正角膜的具体数据输入计算机就可以了。

这种能在一瞬间解决过去极难对付的视力问题的试验,是激光技术在医学领域应用的一个新的尝试。事实上,自从20世纪60年代初世界上第一台激光器诞生后,很快就在医学上得到了应用。

激光从发生器内产生,经过聚焦后,从特制的刀头内射出,可以产生巨大的能量,足以使皮肤裂开,肌肉焦燥,骨头气化。这就是许多外科医

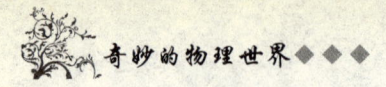

生所钟爱的激光刀。在涉及骨肿瘤的手术中，如颌面部的恶性肿瘤，以前用常规手术刀切割，均碰到难以止血的问题，而且在手术中脱落下来的肿瘤细胞可能随血液或淋巴转移到全身，重新繁殖。使用激光手术刀，可以使肿瘤组织迅速焦气化，气化物被特制的吸引器迅速吸走，避免了肿瘤转移，出血自然也十分少。

随着激光技术的发展，可以使用不同种类的激光器产生的激光，达到不同的治疗目的。例如掺钕钇铝石榴石激光具有很强的渗透能力，它可以射入人体组织6毫米的深处，而对组织表面几乎没有损害。这种激光可对人体组织内的肿瘤进行熔化或碳化，在碳化肿瘤的同时，还能将一些血管闭锁。

而二氧化碳激光则几乎不能渗入组织内，它的所有能量都消耗在人体组织表面上。因此它具有很好的切割功能。

20世纪70年代以来，医生使用光导纤维做成的内窥镜探查患者的某些内脏状况。现在，医生可以不仅通过光导纤维看到人体内的肿瘤，而且可以把内窥镜的尖端紧密地靠在肿瘤旁，然后通过这条通道把能量富集的激光波发射到肿瘤上，使肿瘤全部被摧毁。用同样的方法，还可以粉碎膀胱、尿道等处的结石，而使患者无任何痛苦。

据统计，在许多国家因心血管病造成死亡的人数要比其他病因多得多，科学家们正在研究使用激光束导通阻塞的心血管，这一设想如能实现，将是整个人类的福音。

菲涅耳和光的衍射

1803年，托马斯·杨提出了光的干涉效应，但是并没有得到物理学界的普遍承认。而菲涅耳在1815～1816年期间所做的光的衍射实验，却用无可辩驳的事实，使人们不得不相信光确实是一种波动。虽然他不是第一个提出光的波动理论的人，但是，由于他的出色实验，人们都认为他是光波动说的奠基者。

菲涅耳于1788年5月10日生于法国诺曼底大区的布罗意。他父亲是名建筑师。他16岁进入巴黎工业大学，两年后进入道路桥梁学院，1809年毕业后成了一名工程师。1815年春，拿破仑从厄尔巴岛回到法国，开始了百日王朝时期。为了表示对波旁王朝的忠诚，菲涅耳加入王室部队，并参加了阻止拿破仑进军巴黎的战役。在拿破仑执政的那段时间里，他丢掉了公职，闲来无事，就搞些光学研究。1815年6月，拿破仑第二次被废黜，菲涅尔也就恢复了公职。

菲涅耳在1815年底第一次向法兰西科学院报告自己关于光的衍射实验的成果时，遭到了当时一些著名科学家如拉普拉斯、毕奥、泊松等人的激烈批评。后来，菲涅耳用波动说对衍射现象作出了清楚的解释，使人们不得不相信光是一种传播的波。

1818年法国科学院举行一次关于光衍射现象理论和实验研究的论文竞赛。菲涅耳递交了一篇论文。泊松发现菲涅耳理论有一个奇怪的结果——在圆形阻挡物的阴影中心应有一个亮点，这个结果似乎是荒谬的。但实验时，阴影中心确有一个亮点！菲涅尔获得了"论文桂冠"奖。

菲涅耳于1827年因肺病卒于巴黎附近的阿弗雷城，那时他年仅39岁。由于他在光学方面的卓越贡献，就在他去世的前几天，他获得了英国皇家学会的伦福德勋章。

物体的颜色

人们在喝啤酒时，总会发现啤酒呈深黄色，而啤酒泡沫却呈白色。

原来自然界的物质不仅要反射光线，同时还要吸收光线。如果各种光线被等量吸收，就叫一般性吸收。具有一般性吸收的物体就是透明体。例如玻璃和水就是透明体。当然自然界完全的透明体是不存在的。一般而言，物体对光线的吸收都是具有选择性的。选择性吸收是物体带有颜色的主要原因。例如绿色玻璃是把入射白光中的红光和蓝光吸收掉，只剩下绿色光透射过来。带色物体一般有体色和表面色，例如颜料、花等呈现的颜色就是其体色。呈现体色的物体的透射光和反射光的颜色是一样的。而另外一些物质，对某种颜色的光反射特别强烈，因此，它就呈反射光的颜色。通常看到的金色就是表面色。啤酒泡沫呈白色，是我们看到了其表面色，而啤酒本身呈现的是体色。如果物体对所有的光线都吸收，则它就呈现黑色，人们称这种物体为黑体。相反，如果所有光被反射，则物体呈白色。

当一块铁被逐渐加热时，它开始发出暗红色，不久它转为淡红，接着变橙色、黄色、青白色。最后，当它变得白热化时，它就发出强烈的白光。

如何解释这种现象呢？原来原子内部的能级是分立的，电子在不同的能级之间的跃迁发出的光的波长也不相同。由于不断加热，物体的温度也不断升高，其内部电子的能量也就越来越大。因此，处在高能态的电子也就越来越多。这样，铁辐射的光波中，短波成分也就越来越多。当温度达到极高时，各种波长的光线几乎被等量地辐射出来，因此铁最后发出强烈的白光。

全息照片

我们知道，光是一种电磁波。波有两个非常重要的因素：振幅和位相。振幅代表光的强弱；位相表示光在传播中各质点所在的位置及振动的方向。光的全部信息应该包括振幅和位相两方面。我们普通的照片，只记录了光的振幅，而没有记录到光的位相，因此，只包含光的部分信息。

要记录位相，必须有相干性极好的光。1960年激光问世以后，这一问题就完全解决了。全息照相的原理是这样的：一束激光通过分光板分成两束，一束照到被照物体上，另一束照到底片上。第一束光通过物体反射后，在底片处与另一束光发生干涉。于是物体反射光的振幅和位相都被记录到

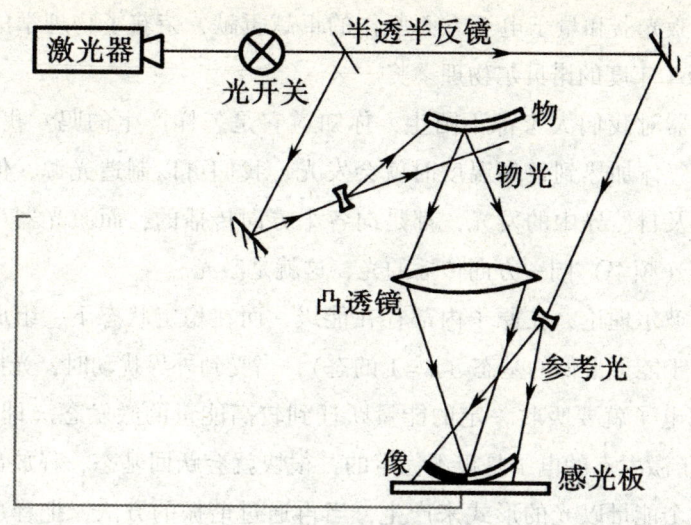

全息照相光路

底片上了。底片冲好后，再用同一激光照射底片，就可以看到一幅清晰的全息图了。

全息照片有许多奇妙之处。首先它是一幅真正的立体照片，你可以从不同方向看到物体不同的侧面，甚至可以看到被前面物体挡住的东西。普通照片，如果底片损失一部分，那部分上的景物就无法挽回了。全息照片即使只剩下一小块，它也能再现物体的全部景象，只是清晰度差一些罢了。全息底片还能进行多次曝光，把不同的景物摄在一张底片上，而每一个景象都不受其他景象的干扰而单独再现。由于全息照片这种奇妙的性质，它被广泛地应用到各个领域之中，例如，全息商标就是一种防止假冒和伪造商品的有效手段。

奇妙的激光器

1916年7月11日，俄国一个工人家庭诞生了一个男婴，父亲把这个男孩取名为普罗霍罗夫。48年后，这个男孩一跃成为世界著名的大物理学家，由于发展激光器和量子电子方面所作的卓越贡献，荣获了物理学的最高奖赏——1964年度的诺贝尔物理学奖。

激光器对我们大家都不陌生，你知道它是怎样产生的吗？我们知道，把固体或气体加热到很高温度时就会发光，我们可以制造光源，但通常固体或气体及自然界中的发光，都是向各个方向传播的，而激光器可以发出单一颜色（频率）同一方向传播的光，这就是激光。

按照玻尔理论，在原子内部存在能级，而在稳定状态下，组成原子的电子都处于能量最低的基态（$n=1$ 的态），当受到外界扰动时，光照、电场等，基态电子就要吸收一定的能量跃迁到较高能量的激发态（即 $n>1$ 的态），处于激发态的电子是极不稳定的，很快就会跃回基态，释放出一定的能量，这个能量以光的形式来产生，当再通过谐振的方法，把释放的光谐振到一个准直的方向上时，光束颜色一定，方向性又极好，因此在很小的单位面积上就有很强的光束照射，这就是激光。

通常我们见到的激光器的光强并不高，如几十毫瓦或几瓦（比一支灯泡的功率要低得多），但激光束能量高度集中，所有能量集中在一个很小的光点上，因此具有很多用处，如激光打孔，就是用激光器对准部件的一个部位，用激光辐照打孔，既不会造成机械损伤，又简便易行。假如一台功率为2瓦的激光器，聚光点的直径只有0.1毫米，则在单位面积上激光束强度就能达到20000瓦/厘米^2，所以我们切不可用眼正对激光器，否则就"一目了然"了。目前，世界上的大功率激光器已足以摧毁一切军事设施及卫星等。

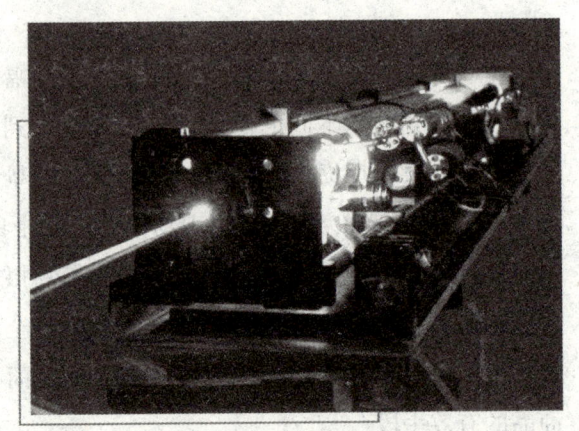

大功率氩离子激光器

红外遥感

第二次世界大战期间，纳粹德国在法国的阿拉斯市建立了制造 V—1 火箭的秘密基地。英国和美国的空军对它进行了空中照相侦察，由于伪装极为巧妙，均一无所获。后来，他们利用红外遥感技术，终于拍下这个基地的详细照片。

红外遥感是利用不同物体对红外线的反射率不同，或不同物体的红外线辐射强度不同来获得信息的。例如，隐藏在树林中的坦克、大炮及火箭发射架等，对于波长为 0.8～1.1 微米的红外线，反射率相差 1 倍以上。而潜行在海水中的潜艇发动机辐射出的热量要比海水辐射的热量大得多。红外遥感器很容易察觉它们。

在夜幕降临之后，可见光遥感器便成了瞎子，而红外遥感器这时却是大显身手的时候，它能在黑夜拍下一幅幅"热"的图像，得到清晰的景物。而且，由于红外线波长比可见光波长长得多，在传播中不易受到分子、尘埃的散射而损失能量，因而适合远距离探测。

红外遥感广泛应用于军事和民用目的。例如，1991 年 1 月 17 日凌晨开始的海湾战争，美国飞行员利用先进的红外瞄准器，将一颗重磅炸弹准确地投向了伊拉克的重要军事目标。红外遥感在森林防火中，也扮演极其重要的角色。现代最先进的红外遥感器能够探测到森林中燃烧着的烟头。

红外遥感也有其美中不足之处。由于云层和大粒子对太阳光中红外线的散射，会使红外遥感器收到假情报，另外，云和雨对红外线产生强烈的吸收，因此，红外遥感受天气的影响较严重，大大削弱其遥感能力。

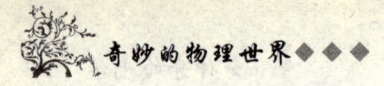

冷 光

通常物体被加热到500℃以上时就开始发出暗红色的光，温度进一步升高，物体就开始发光了，如白炽灯的灯丝温度为2000℃以上。自然界中还有一种发光现象，它不像灯丝发光那样，发光时要产生热。这种发光并不发热，如荧光、磷光与生物发光。

人们都知道，紫外线是肉眼看不见的光，若用一束紫外线照射酸性的硫酸奎宁溶液，你就能看到原来不发光的溶液发出了蓝光，这种光就叫做荧光。通常的日光灯也是利用荧光原理做成的：在日光灯管壁上涂有一层能激发白光的荧光粉，管内是低压水银蒸气，当管子两端被加上600～700伏高压（镇流器产生）时，水银蒸气被电离，产生紫外线，这紫外线照射在荧光粉上就能发出柔和的白光来了。用手摸一下白炽灯灯泡与日光灯的管壁，你就会感觉到，白炽灯泡烫手，而日光灯管却一点也不烫。所以日光灯也叫荧光灯。

荧光的特点是当入射光照射时，荧光产生，而入射光一停止照射，荧光也几乎同时停止发射。

自然界中还有一种固体，平时它不发光，但当它们受到紫外线的照射时，就能发出一种暗绿色的光。入射光停止照射时，这种物质仍能持续发光，有的甚至能持续发光几个小时，这种光就称之为磷光。人们利用磷光的这种特性做成了夜光表、夜光指示器及坑道、山洞的夜光指示灯，给人们的生活和工作带来很大方便。

荧光和磷光都必须在外界光线照射下才能产生，它们不像普通光线那样产生热效应，所以又称为冷光。冷光的另一特性是它们的颜色与入射光波长无关，只与发光的物质种类有关。如日光照射叶绿素的醇溶液时，会激发出红色荧光，照射铀玻璃则呈绿色荧光，照射奎宁溶液时能产生蓝色荧光。另外有些生物体，甚至人体也能发出荧光或磷光来。

紫外线的发现

1801年的一天,有一位研究太阳光谱的科学家突然想要了解太阳光分解为七色光后有没有其他看不见的光存在。当时他手头正好有一瓶氯化银溶液。人们已知道,氯化银在加热或受到光照时会分解而析出银,析出的银由于颗粒很小而呈黑色。这位科学家就想通过氯化银来确定太阳光七色光以外的成分。他用一张纸片蘸了少许氯化银溶液,并把纸片放在白光经棱镜色散后七色光的紫光的外侧。过了一会儿,他果然在纸片上观察到蘸有氯化银部分的纸片变黑了,这说明太阳光经棱镜色散后在紫光的外侧还存在一种看不见的光线,这位科学家把这种光线称为紫外线。

他就是里特。1776年12月16日,里特诞生于德国的西里西亚。小时候因家境贫寒,没有念过几年书。14岁时就去一家药店当了学徒。在学徒期间,里特贪婪地阅读了许多书籍,懂得了不少化学和物理学知识。凭着刻苦的自学,20岁那年,他考进了耶拿大学,后来在化学和电生理学方面作出不少贡献。1799年,他用伽伐尼电池成功地从硫酸铜溶液中电解出铜,由此得出静电与伽伐尼电之间是一致的结论。他还正确指出产生伽伐尼电流的原因是伽伐尼电池内部发生了化学反应,从而成为正确解释伽伐尼电流成因的第一个人。1802年,里特制作了第一个干电池,1803年研制成功蓄电池。

里特在物理学方面的主要贡献就是发现了紫外线。紫外线是比紫光波长更短的辐射,是太阳光谱中的一部分,人们用肉眼是看不见的。强烈的紫外光照射,对人体、生物都有害,但适量的紫外光却可使人感到精神爽快,可以促进机体的新陈代谢,紫外光在医学上还被用来杀菌。另外,人们根据紫外线的"光激发光"(紫外线诱发物质发光)现象,还创造了一种新分析方法,即荧光分析,它不仅可以检测物质的结构,而且还可以很清楚地发现人眼难以发现的机器零件的裂缝。

紫外线的发现给人类带来了福音，可它的发现者里特却由于家境贫寒，生活清苦，正在他充满憧憬向科学高峰攀登时，却被肺病夺去了生命，年仅34岁。

激光武器

大约在公元前3世纪，古希腊有一位非常了不起的科学家，他就是阿基米德。那时罗马帝国已十分强大，屡屡发动战争攻打希腊。有一次，罗马人又大举进攻希腊，一艘名叫马采尔号的战船，满载着罗马士兵，开始攻打希腊的一座城池。正在攻势危急时，精通数学、物理学的大科学家阿基米德出现在城墙上，并想到了一个破敌的巧妙办法。他让守城士兵每人拿一个铜镜（当时还没有玻璃镜）来，把太阳光通过铜镜集中反射到敌人战船桅杆的底部。结果还不到几分钟，马采尔号船就起火了，船毁人亡，罗马人大败而归。

激光武器

从这一事例我们看到，早在两千年前，人类就有了用光来杀伤敌人的本领了。其实道理很简单，许多面铜镜反射太阳光到一点，这些铜镜相当于组成了一个凹面镜，并聚焦在船上的一点，从而使这一点上聚焦了高温，使木船着火烧毁。

进入20世纪60年代，随着激光的诞生，由于激光能把光强集中在某一点上，在这一点产生很大的能量，有些武器设计师、武器制造专家曾经幻想制造一种"死光"武器，利用光线来杀伤敌人。1971年，美国的一家杂志发表了一篇文章，文中披露了保密长达十多年之久的，美国军备激光热武器的研究，引起了全世界各国的广泛注意。

激光武器，也称"死光"武器。与其他武器，如枪、炮相比，不管目标是否运动都不必考虑提前量，如用炮打飞机时，若瞄准飞机射击，炮弹必然落在飞机的后面，若要击中飞机，则必须根据飞机速度及炮弹飞行速度进行计算，对着飞机前面某一点发射才行。而且炮弹发射后会产生后座力，影响命中率；每次变换射击方向必须移动整个炮身。而激光，由于准确性好，速度极快，功率密度大，所以激光武器既不要考虑提前量，又无后座力，而且还可以迅速灵活地变换射击方向。它可装备在舰艇、飞机甚至卫星上，还可以引爆氢弹、中子弹等。

激光制导，是激光在军事上的又一应用。把激光打到要命中的目标上。在导弹尾部安装一个光电变换器，它把激光信号变换为电信号来控制导弹飞行方向，当导弹偏离激光束时，光信号的变化导致电信号的变化，从而改变导弹飞行方向沿激光束运动，直到命中目标。也有些导弹是把光电变换器装在导弹前端，利用从目标上反射回来的激光束制导达到命中目标的目的的。

激光武器在军事观察、侦察、通信、监控设备中也广为使用。

光线弯曲

光沿直线传播，这是我们熟知的结论，太阳光直线照射到地球上，手电筒的光柱沿直线射到远处，激光器的激光束更是一条直线了。这些光线之所以沿直线传播，主要是因为地球的引力对它们几乎没有任何影响，不像水平运动的子弹要向地面倾斜。光线的传播不会发生这种倾斜，这是千真万确的道理。可是，物理学家爱因斯坦却认为光线在经过太阳或地球时会发生弯曲，这是怎么回事呢？

原来，爱因斯坦自1907年开始着手广义相对论的研究及重力场理论的研究，根据他所导出的广义相对论公式。爱因斯坦预言，光线在地球或太阳引力的作用下会发生弯曲。根据爱因斯坦的观点，光也具有粒子性，它具有的动量为 $p = h/\lambda$，h 是普朗克常数，λ 是波长，所以它在太阳或地球的引力作用下运动方向就会发生变化，即弯曲，正像我们在地球上抛出一块石头会弯向地面一样。爱因斯坦根据广义相对论公式推出，光在引力作用下每运行 1 厘米产生的弯曲为 $x = r \times sin\varphi / C^2$，$r$ 是太阳或地球表面重力加速度，C 为光在真空中的传播速度，φ 是光线传播方向与重力加速度方向之间的夹角。经过计算后，爱因斯坦得到光在经过太阳附近时要偏离原方向 1.75 秒（1 秒 = $\frac{1}{3600}$ 度）。

究竟爱因斯坦的理论对不对呢？许多科学家，尤其是天文学家都跃跃欲试，想借助于天文观测来验证爱因斯坦所预言的光线弯曲。当时英国的爱丁顿在得知爱因斯坦的计算结果后，于 1919 年派出两个观测小组分别前往巴西索勃拉市和葡萄牙在非洲的领地普林西比岛，同时在这两个地方拍摄这年 5 月 29 日日全食期间太阳周围恒星的照片。这些照片与半年前夜里在同一天空部部分所拍摄的照片进行仔细比较，结果发现确实观测到光线的弯曲，弯曲大小与爱因斯坦的结果基本吻合。他把这个观测结果发表在 1919 年 11 月 6 日的英国皇家学会上。这个观测结果证明了爱因斯坦所创立的广义相对论是正确的，为此新闻界作了题为"科学革命，牛顿思想被推翻"的报道，从而相对论理论传遍全世界。

美妙的声学

超声波

两百多年以前,意大利科学家斯勃拉采尼花了好几年的时间,专门研究蝙蝠的行为。他发现蝙蝠既不靠眼睛也不靠鼻子辨别方向,而是靠耳朵辨别方向。但是斯勃拉采尼终究也没搞清楚其中的奥秘。

现在我们知道,蝙蝠是靠发射一种人类听不见的声波——超声波,然后接收反射回来的超声波来判断飞行方向的。人们受蝙蝠的启发,制成现代的无线雷达和超声雷达。

何谓超声波?人能听到的声波的频率大约从20赫兹到2万赫兹,频率低于20赫兹的叫次声波,高于2万赫兹的就叫超声波。蝙蝠发出的超声波的波长约为0.5厘米,在飞行时每秒钟发出大约30个超声信号,在接近障碍物1米时,增加到每秒钟60个信号。

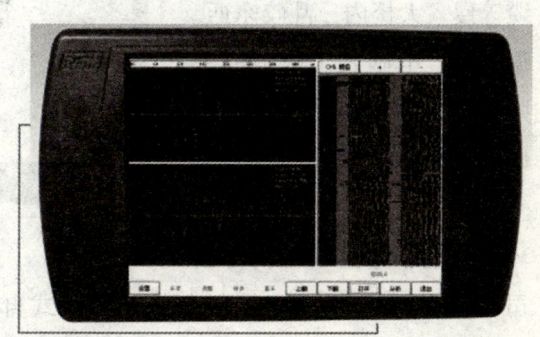

智能超声波仪器

现代制造超声波的仪器,其主要部件是一块压电石英晶片,在频率高达几十万赫的交变电压的作用下,产生规则的振动,发出超声波。

超声波具有极为广泛的应用,它可以用来清洗钟表一类的精密零件;也可以清洗大型的导弹壳体核反应堆里的热交换器;它可用于钻孔,切割坚硬的物体;它还能使两种不能混的液体混合起来,还可用来为食物杀菌。利用超声波可以制成超声雷达,对海洋的开发和利用具有重要意义。超声波还可以用于金属探伤和处理植物种子等。但超声波的利用还有待科学家们的探索和开发。

利用超声波可以诱捕老鼠

在都市林立的高楼大厦里,老鼠和蟑螂的猖獗,是令人头痛的事。不要小看一只老鼠,它会咬断大楼电线,使电梯吊在半空不动,从而造成重大事故。

老鼠还会沿着导管、电缆等侵入大楼内,乱咬东西。据统计,电脑发生故障的原因,大约 20% 是老鼠造成的。

为对付鼠害,日本一家环境卫生服务公司碇消毒公

诱捕老鼠

司研制成了在世界上具有独创性的吸引式自动捕鼠装置。它的结构类似吸尘器系统,可以自动吸收大楼内的老鼠。

这种名为"喷射线7000"的装置,是在地板或壁角布置约10厘米角型

的细长导管。导管本身约每隔2米就有一个入口。在天花板上装有红外线处理机，一旦发现老鼠，就会命令最近的一个入口开门。入口装有超声波老鼠诱导装置。

老鼠一旦进入导管，入口就会自动关闭，以每秒8.3米的高速度吸收老鼠。装置会察看老鼠是否完全被吸收，在后面有个30克重的圆球追踪。老鼠在导管里被二氧化碳熏死，然后装在塑料箱自动运出外面。这种方式不必担心像利用鼠药灭鼠时尸体会产生壁虫等毒病虫的麻烦。

利用超声波引诱老鼠，是这一装置的原理。据碇消毒公司研究人员介绍，当他们承包了大企业的灭鼠工作时，发现平时清洁且没有食物存放的电脑室，反而蒙受老鼠灾害最严重。调查发现，电脑的电源部分会发出超声波。而老鼠通常都是以20～38千赫兹超声波交换情报。该公司研究结果发现，只要发出与老鼠交换与追求异性相同的超声波信号，就能轻而易举引诱老鼠。

不仅对付老鼠，对蟑螂等有害动物也可用超声波来诱杀。

超声波能预测断裂

1943年1月，天气非常寒冷。一艘美国新造的巨型油轮正在交付使用，突然发生了事故：油舱不可思议地裂为两截。

据当事人回忆，油舱断裂前有一种嚓嚓的声响。这声响和那灾难是否有关系呢？

在生活中也常见到类似的现象：儿童爬树，当树杈发出"咯吱""咯吱"的声响时，危险就要来临了；有经验的矿工听到坑木的某种声音，便知道要发生事故；老农把西瓜拿到耳边，用手一敲，根据西瓜受压以后发出的声息，就能判断西瓜的生熟。

在金属世界，也会发生类似的现象：如果找到金属锡，你不妨用两手反复地弯曲它，听！它"噼啪""噼啪"地提抗议了，这就是"锡鸣"。

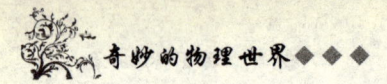

精确的科学实验证明,材料承受机械负载时,它的内部会发射声波(包括听不见的次声波和超声波)。这种现象就叫声发射。强的声发射人耳可以听到,一般的声发射,我们是听不到的。

油舱断裂前的"嚓嚓"声绝非偶然,它是一种声发射。许多重型机械与大型工程结构发生断裂之前都有过类似的嚓嚓声。尤其严重的是,这些机械往往没有超载,事故是在安全应力下发生的。嚓嚓声是多么危险而又多么重要的信号啊!

那么,能不能利用声发射来预测断裂呢?

20世纪50年代初,德国科学家凯塞尔在做金属拉伸实验时,发现金属试样变形会发出微弱的声音。这些微弱的声响使他想起了巨轮断裂等一系列事故,便对金属在拉伸或其他变形中的声发射现象进行了深入的研究。

凯塞尔和他的同事们发现,金属在塑性变形时发出的声响是由于内部产生位错运动而引起的。

要说明位错运动,就要从晶体结构谈起。

不计其数的固态物质共分两大家族,金属所属的家族名曰"晶体",食盐、水晶、冰都是晶体。晶体中的分子、原子或离子是按照一定规则排列的,好像运动场上的运动员表演"叠罗汉",每个运动员在空间都有一定的位置。叠罗汉的队形尽管琳琅满目,却都是由那些"罗汉"组成的。晶体分子、原子或离子的"队形",叫做晶格。在金属中的分子或原子虽每"人"都有一定的位置,但总有少量不守纪律者站错了队,而且在其中"暗藏"着外来的"奸细"——杂质。这些地方就是"位错",在那里隐藏着内部的"破坏分子"。堡垒是最容易从内部攻破的,而位错则是个缺口。倘若有外力加在构件上,位错的地方就会出现裂口。"千里之堤溃于蚁穴",位错的运动往往导致裂纹和断裂。

重要的是,位错的运动并不是默不作声的,那些"破坏分子"的运动会产生音响,这就是声发射。既然位错运动是断裂的前提,而声发射又是位错引起的,利用声发射来预测断裂,查找缺陷,防止事故,当然是可以的。

问题并不那么简单，金属的声发射信号远比周围的噪音微弱，而且有相当多是超声与次声。靠我们的耳朵去听，常常听不到，或者到时已经无力挽救了。

到了20世纪60年代，由于技术有了较快的发展，利用电子技术已经能把声发射信号和环境声区别开。电子"耳朵"能"听"到位错的动静，于是产生了理论的声发射检测技术。近十年来，声发射技术发展很快，在航空、航天、原子能以及金属加工方面大显身手；在巨大的高压容器、发动机和核反应堆旁，声发射监测器正在默默无闻地工作着，保卫着人们的安全。

超声波能除尘、去污、消毒

如果你仔细观察一下透过室内的一束光线，就会发现有许多小微粒到处漂浮，这就是灰尘。因为灰尘很轻，重力还不足以把它们拉到地面上，所以它能浮在空中。工厂的烟囱里冒出团团黑烟，污染了城市，损害了卫生。

怎样把灰尘、黑烟除掉呢？现在人们想出了办法，只要安装一个超声波除尘器，空气就能被净化了。

超声波为什么能有这样高的除尘本领呢？因为超声波的振动频率比普通声波要高得多，当它作用到含有灰尘或黑烟的空气中的时候，灰尘或烟气中的微粒就会随着超声波的振动而激烈振动起来，由于小微粒之间互相碰撞，它们会互相黏合起来，形成较大的颗粒，重力就会使它们下沉，于是灰尘降到地面，烟囱里的烟尘降到烟囱底部。这就是超声除尘。

在金属或其他物品的表面上，沾污着油垢或别的脏物，也可以用超声波来清洗。只要把待洗的物品（如金属机件）浸到盛有清洗液（如肥皂、汽油等）的缸子里，然后再向清洗液里通进声波，一会儿工夫，物品表面的油污或脏物就去掉了。

为什么超声波有这么强的去污本领呢？

原来，当超声波遇到某种物体时，由于声波的振动，使物体分子受到压缩和舒张两种作用，物体所受到的压力发生了交替变化。在这种情况下，物体所受到的压力等于大气压加上声压（空气被声波压缩时），或等于大气压减去声压（空气被声波舒张时）。平时，声压非常小，但超声波能携带

超声波清洗器

很大的能量，它所产生的声压也很大。例如，当一般强度的超声波通过水中时，产生的附加压力可以达到好几个大气压。由于液体比较能经受得住附加压力，而经受不住附加拉力，在拉力集中的地方会发生碎裂，这种碎裂会产生许多小空泡。小空泡一瞬间又会崩溃，崩溃时产生很强的冲击波。因为超声波频率很高，使这种小空泡急速地生而灭，灭而生。借助它们不断产生的冲击波，可以把金属机件表面的油垢或杂质清洗掉。超声波除尘又快又干净，而且无孔不入，无垢不除，令人十分满意。如洗手表，人工洗要把零件一件件拆卸开来，很麻烦，工效也很低，用超声波洗只要把整块机芯浸到汽油里，几分钟就洗好了。

超声波可以帮助我们清洗光学镜头、仪表元件、医疗器械和半导体器件等许多重要的精密零件，甚至有一些尖端工业部门也要用超声波来帮忙。像在导弹惯性制导系统中，齿轮上不容许沾染一点儿污垢，这用普通方法清洗很难达到要求，而超声波能干得很好。

超声波还可用于食品的消毒。在制造罐头等食品时，一般都要用高温进行消毒杀菌，这常会破坏某些食品的营养成分。而利用超声波进行消毒，不必再加高温，食品的营养成分就可以完好地保存了。

超声波能促进植物生长

在法国国家研究中心声学实验室附近,科学家们发现一种奇怪的现象,那儿的花长得特别大,甘薯长得像足球一样,萝卜能够长到2.5千克重,蘑菇的直径可以长到60厘米,原因是那里不断有超声波发出来。实验还发现,有些植物的种子用一定频率和强度的超声波处理以后,就能提早发芽,而且苗儿长得更茁壮,还能提前开花结果和增加产量。比如,小麦种子用超声波处理2分钟,发芽率能从91%提高到96%,收成增加将近一成;给棉花种子"听"一会儿超声波,能提前3天吐絮和多结双桃。

超声波为什么能加速种子萌芽,促进植物生长呢?

种子发芽需要水分、氧气和一定的温度。种子外面包着一层严严实实的种子皮,它虽然能保护种子不受损伤,但是,它也同时限制了种子与外界的接触,使种子"喝"不到足够的水分,"呼吸"也特别微弱,就像睡着一样。即使有了合适的条件,也不易发芽。

当超声波作用于浸泡在水里的种子时,激烈的超声振动会对种子产生一种类似摩擦的作用,使种子皮的透水性和透气性大大增强,并能使种子得到一定的温度。这样,种子吸着水"发胖",呼吸也加快了,就能提早发芽。同时,在超声波的作用下,种子内贮存的淀粉、脂肪和蛋白质能更好地溶于水,变成易被种子吸收的养料,种子一发芽,就叫它"吃得饱",苗儿就长得壮。超声波还有杀菌作用,能杀死潜伏在种子身上的病菌和虫卵,不让它们到大田里为非作歹,因而对植物的生长极为有利。超声波还有促进植株代谢的功能。由于上述种种原因,超声波能促进植物生长。

不过,植物喜欢的超声波都有一定的频率和强度,如果处理不当,非但不能增产,还会造成种子的死亡和减产。这是需要注意的。

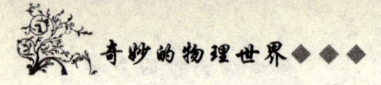

超声波能消灭蚊虫

蚊子，有3000多种，叮人吸血，传播疾病。人类曾用多种方法灭蚊，但其仍然十分猖獗。

随着科学的发展，制服蚊虫的现代超声武器——仿生驱蚊器，在德国研制成功。不少国家也利用超声波驱蚊灭蚊。加拿大在蒙特利尔市建立了一座驱蚊电台，不停地发射驱蚊信号。韩国生产出一种超声驱蚊器，不仅能驱蚊，而且还能损害蚊虫的神经系统，有的国家利用超声波增加音乐信号，成功地研制了人工雄蚊音乐驱蚊器。在我国，新近研制成功一台能驱灭蚊虫及蟑螂、老鼠的综合性新武器，远远超过了国外单机驱蚊器的作用。

这台超声灭蚊新武器，不用药，只用一节小电池，装在火柴盒大小的盒子里，可以放在室内、室外，也可放在衣袋里。用时，只要接通电源，它就会发出各种频率的超声波，如雄蚊超声波、蝙蝠捕蚊的超声波；驱赶蟑螂、老鼠及破坏它们神经和生殖系统的超声波，并以扫描的形式连续发射，使蚊子、蟑螂、老鼠死的死，逃的逃。

超声波为什么能消灭蚊虫呢？原来是利用了蚊虫习性的奥秘。雄蚊不吸血叮人，而雌蚊与雄蚊交配后必须叮咬吸血才能生儿育女。雌蚊在咬人吸血时，同时注入麻醉剂，使人感觉不到。

雄蚊不但不咬人，而且还能起到驱赶吸血咬人的雌蚊的作用。当蚊虫进行群舞交配活动时，雄蚊发出嗡嗡的求偶声吸引雌蚊。雄蚊和雌蚊交配之后，雌蚊立刻逃走，此后它就非常惧怕雄蚊的叫声。第一台驱蚊器就是根据这个道理制造出来的。加拿大的驱蚊电台及一切仿生超声驱蚊器都是发射雄蚊求偶的声音，有的还增加了破坏蚊虫身体机制的超声波等。

用超声波可以探测海底

在 1914～1918 年的第一次世界大战期间，法国和美国的海军遭到德国潜水艇的袭击而蒙受了很大损失。由于海水挡住了人们的视线，海面上的舰艇稍不注意就要吃亏。有什么办法能够预先发现潜水艇的行踪呢？

电磁波在空气中能够传得很远，可是，电磁波进入海水中，传不了多远就会被海水吸收掉，所以不能使用靠电磁波工作的雷达在大海中搜索。

1918 年，法国科学家郎之万首次用超声波侦察潜水艇，获得了成功。

超声波在水中能够按着一定的方向直线前进，它能够传到几千米、几十千米甚至几千千米以外。而且它又能形成射束，聚成很窄的一束，向一个方向传播。如果它在海洋中没有遇到什么障碍，就一直前进，并消失在海洋中。当它在中途遇到障碍物时，就会有一部分能量按原方向反射回来。因此，当接收到回声信号，经过放大送到显示器，就可以立刻显示出目标的距离和方位。

根据这个原理，超声波不仅能发现潜伏在茫茫大海里的潜艇，还能"看见"隐藏在海底的暗礁、浅滩和沉船，在大雾中提醒船长哪儿有冰山。由于鱼群能反射超声波，超声波还能帮助人们寻找鱼群，增加捕鱼量。

发射和接收超声波的设备叫"声纳"。声纳被称为伸向海洋的"耳朵"。

次声可能成为无形的武器

未来战场上可能出现一种看不见、摸不着，也听不到的特种武器。它性能奇特，杀伤力强，能在短时间内使对方丧失听力、神智迷糊、七窍流血，遭到灭顶之灾！

这个穷凶极恶的无形杀手正是次声武器。

声音产生于振动。声学家把每秒振动的次数叫频率。根据不同的频率声音可分为可听声和不可听声。声音频率在20赫兹（赫兹——频率的单位，20赫兹就是每秒振动20次）至2万赫兹之间的称为可听声，低于或高于这个频率范围的称为不可听声。不可听声又分为次声和超声。因为声音是以波的形式传播的，所以称为声波。凡频率低于20赫兹的叫次声波，频率高于2万赫兹的叫超声波。

次声武器伤人无形

生理学研究表明，人体及各器官的固有频率主要在3～17赫兹之间。这个固有频率正好属于次声的频率范围。所以虽然人的耳朵听不到次声，但人的内脏却可以"听"到。尤其是当某一次声与人体某一器官的固有频率相同时，便会发生"共振"，这种共振现象会使人体或某些器官产生强烈振动，从而造成损伤甚至危及生命。

某些自然现象例如台风、海啸、火山爆发等都可以产生次声波。由于这种次声波方向不集中，扩散迅速，一般情况下不会对生物起到杀伤作用。但也有过"次声杀人"的报道：1948年2月，一艘名叫"乌兰·米达"的荷兰货船，在通过马六甲海峡时，全体船员和船员携带的一条狗，突然同时死亡。所有死者都没有外伤，也没有中毒现象。据专家研究后断定杀人的凶手正是次声。

制造次声武器的关键是将足够强度的次声波汇集成波束集中地发射出去。这在技术上有相当大的难度。所以次声武器目前仍处在试验探索阶段，还不能成为实用的武器。

克服声障有什么办法

早期的飞机都是用螺旋桨做推进器的。这种飞机可以达到700多千米/小时的速度，比汽车要快得多。可是人们还不满足，声音1小时就可以"跑"1200千米，飞机能不能追上声音呢？为了达到这一目的，人们设计了一种新式的飞机，这种飞机不用螺旋桨推进，而是靠向后喷射大量高压气体产生的反冲力向前飞行，这就是大家熟知的喷气式飞机。第一架喷气式飞机的速度一下子提高了很多，以后经过不断改进，可以达到975千米/小时。在这场人类同大自然的赛跑比赛中，看来飞机要超过声音了。

然而意想不到的惨事发生了。当试飞的喷气式飞机速度继续增大时，突然发生了一阵雷鸣般的巨响，一眨眼，正在飞行的飞机被炸得粉碎，好像撞上了一座大山似的。科学家对这件怪事做了深入的调查研究，终于找到了凶手——空气，是空气墙把飞机撞碎了。

原来一切物体，包括飞机在内，在空气中运动时，都会给前面的空气以一定的压力，使物体前面的空气压紧，形成一堵肉眼看不见的"墙壁"。物体运动速度越大，这堵"墙"越坚固（密度增大）。

这么说，人人都得担心碰上这堵墙了。绝不是！因为空气墙总是以声音的速度往前跑的，只要在低于声音的速度范围内运动，就不可能追上它。只是对于一架想要超音速飞行的飞机或其他物体来说，那就势必要碰上空气墙，发生前面那样的惨案。人们把空气的这种作用称为声障。

那么，能不能克服声障？难道人类制造的飞机永远甘心落后于声音？不，科学家找到了一种办法，把飞机的外形改一下，使机身做成纺锤状的，两头尖、中间粗，再把飞机的两只翅膀尽量朝后掠，飞机就可以顺利地穿过空气墙了。

今天，一些先进的喷气式飞机的速度已达到了声速的2倍，甚至3倍于声速的程度。在这场与声音赛跑的竞赛中，人类胜利了！

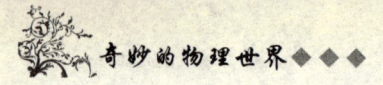

让次声波变敌为友，为人类造福

次声波和超声波一样，也是人耳朵听不见的声音。所不同的是，强大的超声波传播几百米后就精疲力尽，以至完全消失；次声波在传播过程中，能量却损失很少，因而跑得既快又远。1883年，印尼克拉克脱火山爆发产生的次声波，绕地球跑了3圈，持续了108小时。1960年，智利大地震发出的次声波竟传遍了全世界。

在海洋、地层等光和无线电波几乎"寸步难行"的领域，次声波却能出入自由。正因为它有这种特性，所以可以用来勘探埋藏很深的矿藏，测定同温层中冷热空气团的分布，检查运转着的机器的隐患，还可以用来进行海啸、风暴、火山爆发、磁暴等自然现象的预报。高灵敏度的次声探测器，还可用来监视火箭发射和核试验。目前，用这种方法已能"听"到1500千米外阿波罗宇宙飞船的火箭发射，也能测知5000千米外地震的发生。

人体也在时刻不停地向四周发射次声波。心脏每分钟跳动70次，发出每秒振动1.2次的次声波；肺部每分钟呼吸18次，发出每秒振动0.3次的次声波。血管的胀缩，胃和肠的蠕动以及其他器官的活动，都会发射出不同频率的次声波，它们像广播电台一样，用不同频率向外播音。因此，医生可以用特殊的次声波"收音机"收听人体中各种播音，了解它们的工作情况，做出正确的诊断。

次声波在农业生产中，还有一套耐人寻味的本领。科学工作者曾做过试验：在农作物试验的温室旁边，安装一个低速电动机，让它每天早晨空转一小时，花卉就开放得早。这说明，电动机空转时产生的次声波，能促进农作物生长。

声波唤雨的神通

天要下雨，必须有一定的降雨条件，那就是云层中冰晶增多，水滴增大。

人工降雨，过去一般常用的方法有三种：①向云层中输送冷却剂，一般用飞机在适当的云层中撒布干冰，即固体二氧化碳；②向高空洒布与冰晶结构极为相似的碘化银、氧化二铝、樟脑或酒精等药剂，作为凝结核，使云层中冰晶增多或云滴增大而降雨；③用飞机在适当的云层中直接喷出大水滴，直径为 0.05 毫米，使云层底部云雾间起合并作用而降雨。

不久前，国外利用声波振动云层，进行了人工降雨的试验成功。这种新的方法，称为"声波唤雨"。每当天空阴云密布的时候，忽然雷电大作，亮光闪闪，雷声隆隆。当震耳欲聋的霹雳之后，倾盆大雨随之而至，这是强大声波的振动所形成的。科学家们在这种自然现象的启发下，利用声波的振动作用，用声波进行人工降雨的试验。试验时所用的声波发生器，是几只横断面为 9 平方米、25 千瓦的扬声器，向空中云层发射声波。根据在空中云层中进行摄影并加以观察，可以观察到在冰点以上温度的云雾是极微小的水滴形成的，也有少数比较大一些的水滴混在里面。在一般的情况下，它就能形成雨滴而降落在地面。但是，体积过小的水滴被上升气流所扶托，一直漂浮在高空的气流中，不能下降。在这种情况下，如果把强大的声波向天空发射，就能使高空中漂浮着的微细水滴凝结成雨滴而下降。

水下侦察兵

1912 年 4 月 15 日，当时世界上最大的客轮"泰坦尼克号"在横渡大西洋的过程中，撞击了巨大的冰山而沉没，船上 2224 名乘客中有 1513 人葬身鱼腹，成为世界上最大的海难。

为了保证航行的安全，后来人们想利用回声来发现在浓雾里或夜间航行的船只的前方是否有冰山或其他障碍物。但这种想法实际上并没有成功，然而却引出了另一个想法：利用声音的反射来测量海洋的深度。

测量海洋深度的回声装置是这样的，在船的一侧的底舱里靠近船底的地方有一个弹药包，爆炸时发出强烈的声音，声波穿过水层达到海底，然后再反射传回水面，由装在舱底的仪器接收下来。由于声波是直线传播的，而且声波在海水中的传播速度是可以精确地测定的，因此，只要测出声波在海水中的传播时间，就可以准确地测出海洋的深度了。

对深海深度的精确测量对于海洋学具有重大意义，而对浅海和大陆架的精确测量有利于船只的安全航行和海洋资源的开发。在现代的回声探测器中，已经不再用一般的声音，而是用非常强的超声波，它的频率大约为每秒几万次，人的耳朵听不到的超声波声音。这样的声音是从放在高频交变电场中的石英片（压电石英）振动产生的。

"跳跃"的声音

在开凿欧洲阿尔卑斯山的一条隧道时，曾使用了 20 来吨炸药来炸开隧道开凿的缺口。火药爆炸时产生的巨大的爆炸声，使得附近 30 千米范围内的居民都清楚地听到了，而离爆炸地点 40 千米以外地方的居民则没有听到这次爆炸的轰鸣声。可令人奇怪的是，在距离爆炸地点 160 千米远的地方，人们还是听到了这次爆炸的轰鸣声。这到底是什么原因呢？

声音是一种波，它可以在空气中传播，在传播过程中同时又被地面物质吸收与反射，因此声音沿着地球表面传播时，强度要不断减弱，所以，声音只能传播到有限远的距离。尽管火药的爆炸声十分巨大，它传播到 40 千米外，已衰减到几乎听不见了，所以，住在 40 千米外的居民就不可能听到火药的爆炸声。

可是，隧道口特殊的"喇叭"形结构却具有聚集声波的本领。隧道口把聚集的声波向高空发送，因爆炸声除沿地面传播外，还向空中传播，声音传到几十千米的高空后会遇到高空中的电离层，它具有反射声波的本领，因而声波会被电离层反射又折回地面。只有沿一定方向传播的声波才会被反射，当声波传播方向与竖直方向夹角较小时，它很容易穿过电离层，向更远的高空传播。因此反射的声波只有在一定的距离之外才有，人们在这个距离之外才会听到声音，而在声波沿地面传播距离与天空反射所到达的范围之间有一个声波无法到达的区域，这个区域被叫做死区或寂静区。火药的大爆炸声沿地面传播了 40 千米，而沿天空反射却使声音在 160 千米之外出现，所以附近 40 千米之内的居民与远在 160 千米之外的居民均听到了爆炸声，而从 40 千米到 160 千米之间的居民处在这次声波传播的死区，听不到这次爆炸声。

影片中的声音是如何记录的

我们大家看电影时，会觉得演员的动作和对白非常连贯，就如真实情景差不多。但你若看外国产的配音电影，有时却能看到动作与声音不协调的现象，演员的嘴早已不动了，声音却还没断，这是什么原因呢？

通常电影影片中的声音是同动作一起记录在影片上的，电影中的音乐、对白及音响效果，是现代电影艺术不可分割的组成部分。声音首先通过话筒变为电信号。声音传进话筒，推动话筒中的膜片的振动，与膜片相联的动圈也随着振动；动圈是放在永久磁铁的圆形空隙中的。由于电磁感应，在磁场中来回运动的动圈就会感应出电流来。声音越响，膜片和动圈振动也越大，感应出的电流就越强；声音频率发生变化时，膜片和动圈振荡频率也随着变化，动圈上就会感应出与振动频率一致的电流信号来。这样，声音高低及频率的变化，就会表现为感应电流信号

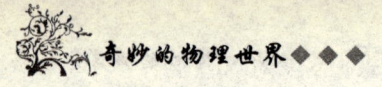

变化。

微弱的感应电流经过放大器放大，再流过一个白炽灯泡。随着电流的变化，灯泡亮度也发生变化：电流强，灯就亮，电流弱，灯泡就暗，这样就把声音信号经过电信号转变成了光信号了。这时用一个聚光透镜把灯光聚焦后投射到电影底片上，随着胶片不断移动，使胶片能在拍摄演员动作的同时而感光。声音强，灯光亮，感光也就多；声音弱，灯光暗，感光就少。这些电影胶片经显影定影后，就成为电影的声带底片。再用这底片印成声带的正片。

还音时，只需在声带正片上投射一束强度不变的光线，当这光线透过胶片边缘那深浅不同或宽度不同的白道道（声带）时，就变成了强度不断变化的光线。时明时暗的光线，经过光电管就变为时强时弱的电流信号，这电流信号经过放大后，送进场声器就播放出声音来了。

这种光学录音法要比磁录音麻烦，所以现在大都采用在拍摄电影时，先用磁录音方法录下各种声音。当影片拍完，洗印电影时，再用光录音法把磁带上的声音转录在电影胶片上。

实用的电及电磁学

磁学中的一个谜

电是单极性的,有带一个正电荷的质子,也有带一个负电荷的反质子,有带一个负电荷的负电子,也有带一个正电荷的正电子。一个电偶极子总是可以分为正、负两部分。但是,如果拿起一根小磁针,将它由中间一分为二,你总会发现,这两段小磁针都会有南北两极。存不存在一个只有北极或只有南极的磁体呢? 这在物理学中至今还是一个谜。

虽然电磁理论发展至今已经相当成功,实际应用也相当广泛。但物理学家仍觉得不够完美。1931 年,英国著名物理学家狄拉克预言有"磁单极子"存在。在这一预言提出之后,人们一直努力寻找这似乎应该存在的东西,但均一无所获。

1975 年夏,美国有两所大学组成的一个研究小组报道发现了磁单极子。他们是在把测量设备装在高空气球上测量宇宙射线时意外地发现有一条单轨迹。经过两年时间的反复测量和分析,他们认为这就是磁单极子的轨迹。消息发表后,轰动了物理学界,促进了理论和实验方面的研究,但都没有获得进一步的结果。这条轨迹是不是磁单极子,没有令人信服的结论。

1982 年,斯坦福大学的物理学家们利用超导线圈进行测量磁单极的实验。他们经过 151 天的长期观测发现有一次出现磁单极子出现的迹象。这一结果发表在当年 5 月 17 日《物理快报》上。但是，实验结果必须能被重复才能确定结论是否正确。一次偶然的现象是不能得出正确的结论的。目前，科学家们正拭目以待。

如果真存在"磁单极子"的话，电磁学理论就要被重新修改了！

导体、绝缘体和半导体

电子按一定方向运动就形成了电流。各种金属材料，如金、银、铜、铝、铁等，对电流的阻力很小，电流很容易通过它们，这类材料就是导体。导体之所以能够导电，是因为导体中有能够自由移动的电子。在一般状态下，导体内的大量自由电子总是杂乱无章地运动着。在接通电源后，导体内的自由电子就会向着一个方向移动而形成电流，所以说导体可以导电。

各种非金属材料，比如玻璃、橡胶、陶瓷、塑料、云母、空气等，对电流的阻力很大，电流不能轻易地通过它们，这类材料叫绝缘体。绝缘体之所以不能够导电，是因为这种材料中全部电子几乎都被束缚在原子或分子范围内，不能自由移动。因此在绝缘体内，电子不能从一个地方传到别的地方。正是因为这种材料中缺少电荷的运载者，所以绝缘体不导电。

好的导体和好的绝缘体都是重要的电工材料，在技术上应用很广。金属可以制作电线芯，是因为金属是导体，能够导电；外面包上一层橡皮或者塑料，是因为这些材料是绝缘体，能够防止漏电或触电。许多电学仪器，有的部分需要用导体来做，有的部分又需要用绝缘体来做。

导体和绝缘体并没有绝对的界限，在通常情况下是很好的绝缘体，当条件改变时也可能变成导体。比如，一根干木棒是绝缘体，如果把它弄湿，它就可以导电了。所以，电器的绝缘部分一定要保持干燥。因为绝缘体潮湿了会导电，从而引起漏电和发生触电事故。

除了导体和绝缘体，还有一类材料，如锗、硅、石墨和某些合金等，它们既不像导体那样能很好地传导电流，又不像绝缘体那样完全隔绝电流，导电性介于两者之间，我们把这类材料叫做半导体。半导体导电性较弱的原因，有的是其内部少量自由电子引起的，有的是带正电的"空穴"（原子少了电子就成为空穴）引起的。

由于半导体有许多独特而有用的性质，因而在电子技术和无线电技术中有着广泛的应用。电子工业中使用的半导体二极管、三极管、可控硅元件、集成电路等，都是用半导体材料制成的。

电子在导体内的运动速度是多少

导体内有大量自由电子，它们居住得十分拥挤。如果给导体接上电源，电子在导体中是碰撞着前进的，所以电子运动得非常缓慢，正像很多人要同时通过一个狭长的胡同一样，你拥我挤，是无法走快的。有人研究过，在一般电压下，单个电子沿导体的移动速度每秒钟只有1～3毫米，每小时也不过是10米远，比乌龟爬行还慢。即使在33万伏的高压下，导体内电子的运动速度也不超过每秒100毫米。

既然电子在导体中走这么慢，为什么一拉开关，灯泡马上就亮了呢？从开关到灯泡的距离，一般情况下也不会少于1米远，打开开关，照电子的运动速度计算，最快地要过5～6分钟电灯才能亮起来。

不过，导体中电流的传播速度和电子的直线运动速度是两码事。在电源接通的一刻，导体靠近电源负极一端的电子，在电源的排斥下，开始向前运动，一运动就碰撞前面的电子，前面的电子又碰撞再前面的电子……如此下去，导体另一端的电子就向电源的正极运动，形成了电流。这种碰撞的传递过程是在极短时间内完成的，每个电子不需要跑完全程，只要做稍许的移动，就引起了所有电子的定向移动，形成电流。所以导体中电流的传播速度要比电子的运动速度快得多。电流的传播速度像电磁波一样快，是每秒30万千米，而电子的运动速度正如上面所述，一般不超过每秒3毫米。正是由于电流的传播速度是如此之快,所以一拉电灯开关,灯泡就亮了。

天空中为什么会有雷电

世界上平均每秒钟就有 100 次电闪雷鸣,这是天空中云层与云层之间,云层与大地之间通过大气放电所产生的。

雷电期间,天空中的"积雨云"中含有大量的水滴、冰晶和雪珠,随着积雨云的上下翻滚,它们相互摩擦,造成了电荷的分离,使一部分云带正电荷,而另一部分云带负电荷。当相反的电荷量聚集得足够多时,空气的电阻再也阻挡不了相反电荷的结合,负电荷区就会快速向正电荷区运动。正电荷区可能是一块云或一片地面,也可能是同一块云里的不同部分。于是,云层之间或云层与大地之间,就会产生强烈的放电现象,这种放电现象就是闪电。闪电时的电光经过的地方温度很高,使周围空气受热膨胀,

闪　电

闪电过后，又骤然冷却收缩，这样一胀一缩，空气剧烈振动而发出巨响，这就是雷声。当带电的云接近地面时，由于电的感应作用，使地面以及高耸的房屋、树木等带上相反电荷，因此在云和地面突出物之间也会产生激烈的放电现象。电闪以约110千米/秒的速度冲向地面，致使房屋、树木遭到破坏。人碰到这种情况，就会触电或受击伤亡。为了避免雷击灾害，人们发明了避雷针，来保护高大建筑物不致被雷击损坏。

无论是云层之间，还是云层与大地之间，通过空气放电时，产生的电压均可达上万伏，电流可达几万安培。在闪电的通路上，空气温度高达10000℃～20000℃，发出刺眼的闪光。同时空气由于急骤的膨胀和马上收缩而产生的剧烈振动，使雷声震耳欲聋。

雷电也能为人类造福

在人们的心目中，一般都认为雷电击毁房屋、电线、通信设备、电气设备，给人类带来巨大的损失。然而，随着人们对自然界中雷电现象的不断认识，现在确有必要对雷电的功过进行重新评价。

雷电是带正电荷的阳离子气团和带负电荷的阴离子气团，在高空相撞时产生的剧烈放电现象。在这强烈放电之际，由于空气电离化，伴随着产生大量的臭氧。臭氧是地球上一切生命的保护伞，因为臭氧可以吸收掉大部分强烈的宇宙射线，使地球表面免遭过度紫外线的危害。如果臭氧量减少，来自宇宙的强烈紫外线直达地面，那么地球上生物将会被强烈的紫外线灼伤而无法生存。而产生臭氧和不断地补充来维持臭氧量平衡的正是雷电。

大家知道，氮肥是农作物必需的肥料。在空气中虽然有80%是氮气，却无法直接为农作物所利用。然而，在雷电发生时，可以电离空气中的氮气和氧气，并化合为一氧化氮和二氧化氮，经高空水滴溶解，成为亚硝酸和硝酸落到地面，这就等于给土壤中施了一次氮肥。据测算，每年因雷雨落到地面的氮素约有4亿吨。真可谓"雷鸣一声，氮肥万吨"啊！

另外，雷电还构成了地面和高空之间的电位差。美国的植物学研究表明，地球表面与高空的电位差愈大，植物的光合作用呼吸作用愈强烈，尤其在雷电后的一两天内，植物的生长和新陈代谢特别旺盛。如果在植物的整个生长期内有五六次雷雨，作物的成熟期将可提前 4~7 天。更有趣的是雷雨后的晴天，阳光穿透云层的能力特别强，阳光中的红色较多，而植物对这种红光波特别敏感，从而有利于农作物的生长发育。

还有，霹雳的雷响是一种巨大的声波，它可以震松土壤，促进土壤中有机肥料的分解而便于农作物吸收。所以，历来就有"春雷一响万物复苏"之说。雷声可震醒万物，也可使空气中的一些细菌和微生物在振荡的空气中和轰鸣声中丧生。因此，雷雨过后的空气特别洁净，大大减少流行病的发生。目前，国外一些卫生防疫专家，还提出了利用雷电的威力，在空气中喷洒防疫剂，以减少和控制疫病的流行，并称之为雷电大气防疫法。

摩擦为什么能起电

为什么摩擦能起电呢？要理解这个问题，我们先从物质的结构入手。

我们知道任何物质都是由原子组成的，而原子是由带正电的原子核和带负电的电子构成的，电子绕着原子核在核外做高速运动。在通常情况下，原子核带的正电荷数，同核外电子带的负电荷数相等。所以原子不显电性，由原子构成的物体自然也就不显电性。

但在某些情况下，核外电子能够摆脱原子核的束缚而跑到别的物

摩擦起电

体上去，这样失去电子的物体就带了正电，而得到电子的物体就带上负电。

两个物体相互摩擦，则促进了电子的逃逸活动，使其中一个物体失去电子，而另外一个物体得到电子，这样两个物体都带了电，也就是摩擦起电了。

避雷针

高大的建筑物也是雷电袭击的主要对象，为了保护建筑物不受雷电的损害，人们发明了避雷针。避雷针竖在需要保护的建筑顶上，比建筑物本身更高、更尖，和大地连接更好，因而更有对感应电荷钻牛角尖的脾气。当带电云和避雷针之间还不足以形成闪电时，避雷针就向带电云放出异种电荷，阻止雷电的形成，而即使电击仍发生，强大的电流也会从避雷针的接地导线通过，而不会损坏建筑物。

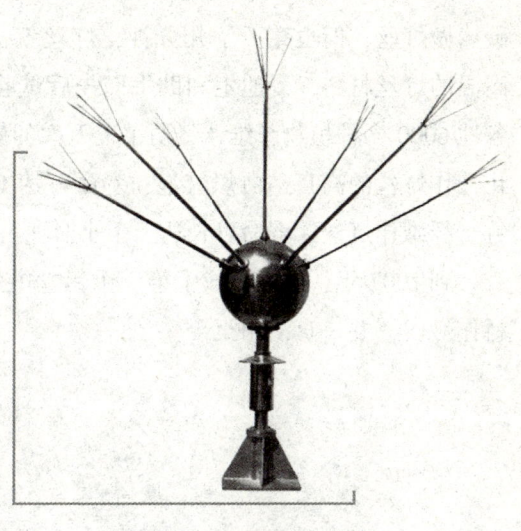

避雷针

普通避雷针的保护范围是以避雷针尖端为顶，底面直径一般为避雷针高度 1～1.5 倍的圆锥形，这就要求把避雷针安得越高越好。不过现在已有一种新型避雷针，配有专门离化空气的装置，可使保护半径大大增加，几个这样的避雷针就可以保护一座城市。

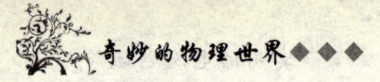

白炽电灯的发明

　　白炽电灯就是普通的照明灯泡,完善而实用的电灯的发明应当归功于天才发明家爱迪生。

　　最初的电灯泡是用昂贵的铂来做灯丝,铂丝加热至白炽而发光,但铂的熔点只有1772℃,刚刚达到白炽状态就要被烧断,之后改进为石墨丝和碳棒做灯丝,但也亮不了几分钟,灯丝就被烧断了。为了找到寿命长、耐高温的灯丝材料,爱迪生和助手们先后试验了1600多种材料,试验了世界各地6000多种植物纤维,经历了上万次的失败,终于在1879年制成了由碳化棉作灯丝的高真空白炽灯泡、寿命可达13.5小时。后来,又改用碳化的竹子纤维作灯丝,寿命可长达上千小时。

　　到1907年,美国制成了第一个钨丝电灯泡,以熔点高、强度高的钨材料作灯丝,并一直沿用至今。

灯　泡

数字式照相机

数字照相机在日本销售火爆。特别是1995年春,卡西欧计算机"QV—10"上市以来,数字式照相机急剧升温,倍受青睐。该商店也一跃成为超级专卖店。1995~1996年间,市场膨胀为100万台,是1995年市场的10倍。到2000年达到1000万台,由此可见其发展势头之迅猛。

数字式照相机是用电眼CCD进行摄相的,它是向存储器存储静止画面的数字信息系统。与普通照相机显像成影相比,其便利程度简直就如汽车与马车相比。因为数字式照相系统使摄影之后立即可以再现。

电子密码锁为何胜过普通锁

最方便的锁,是主人不用钥匙能打开它,而别人却打不开,于是便有了电子密码锁的创造。较简单的电子密码锁采用按键形式,一般有5个左右的密码键和1个报警按键。当按准密码后,电磁铁的电源电路闭合,电磁铁吸合,磁铁铁芯带动锁舌,门就可以打开;如果按错了按键,电磁铁的电源便断开,锁就不可能打开。如果将所有的按键同时按下,电路也不通,锁也不能打开。

电子密码锁

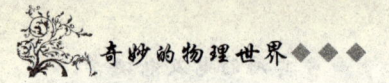

如果错按了报警按键，电铃便会报警。

稍复杂一些的密码锁，可以采用三位、四位或更多位的密码，并且在线路中接入了时间继电器，当按下任何一个非密码按键时，时间继电器吸合，在数秒钟内断开电磁铁电源，同时接通报警信号，迫使偷盗者担心暴露而溜走。

电子锁的结构是变化无穷的，较复杂的电子锁，密码的编排方案可在5000种以上。有一种双密码锁，一次按准了密码按键，锁便打开。不知密码的人，如果一开始就按了任何一个非密码按键，即使以后偶然按准了密码，锁也是打不开的，必须按入纠错密码后，才能用正常密码开锁。

绝缘体与触电

当我们身体接触高压电线时，就会触电，甚至死亡。但我们若用一根干燥木棍去接触高压电线时，就不会触电，这是什么道理呢？

1886年，赫兹成功地证明了两个电振荡可以引起共振现象，随后又证明了电磁振荡的存在。1887年11月5日，他把自己的实验结果加以总结后，写在一篇题为《论在绝缘体中电过程引起的感应现象》的论文中，并把它寄给了导师亥姆霍兹。

我们就借助于赫兹的论文题目来谈一谈他所提到的绝缘体。所谓绝缘体就是一类不导电的物质。在日常生活中，我们知道，把金属导线连接到电源两端时，导线中就有电流流过，实际应用中就是根据这个道理来使用电器工作的。我们可以用导线把电从很远的发电厂引到各个家庭中，带动电视机、冰箱等用电器，使用电器工作。金属线就是导体，它可以导电。

能作为导体的物质很多，除金属材料外，大地、盐水及人体都是导体，击穿的空气也是导体。

除导体之外，还有一类根本不导电的物质，如胶木、干木棍、陶瓷及干燥的空气等，它们都是绝缘体，不能导电。我们可以利用它们来隔离导体,如在两根靠得很近的导线外面包上一层橡皮,既可防止两导线互相接触而短路,又可防止我们不小心碰到导线而触电。空气也是一种绝缘体,所以,我们不必担心电流会通过空气传到我们身体上而触电。

导体和绝缘体还会相互转化:如干燥的空气是绝缘体,但当电场大于3万伏/厘米时,空气会被击穿而电离,从而变成可以导电的导体。再如,食盐水溶液可以导电,但食盐结晶后又变成绝缘体而没有导电能力了。

了解了导体和绝缘体的性质后,我们再来看看人体触电。人体和地球都是导体,能够传导电流,因此当人手与通电导体接触时,电流就会经由人体流向地面,构成一个导体—人体—地球的回路。当电流流过人体时,对人体的有机组织,如心脏、大脑等有很强的坏作用,当电流达到某一值时,心脏和大脑等就会失去工作机能,导致人体死亡,因此我们千万别"以身试电"!

交流电与直流电

1904年11月16日,一个名叫弗莱明的发明家发明了一种装置,利用它可以把交流电变成直流电,它是由一个真空电子管引出两个引线,即引出两个电极,因此又把它称为真空二极管。弗莱明发现,当电流从一个方向流经真空二极管时,电路是导通的,但当电流反方向流经真空二极管时,电路不再导通,即这种管子具有单向导电的本领。若把交流电通过这个真空二极管,由于单向导电性,当电流处于正半半周时,真空二极管导通,而处于负半周时,真空二极管不导通。这样经过这个真空二极管后,原来周期性振荡的交流电就会变成脉动的直流电,这个过程叫做整流。

直流电,是指大小和方向都不随时间而变化的电流。许多用电器,如收音机、扬声器等许多不含电感元件的电器都用直流电驱动。交流电是指大小和方向都随时间作周期性变化的电流,通常的交流是按正弦规律或余弦规律变化的,电流先由零变到最大,再由最大变到零。然后反方向由零

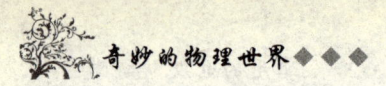

变到最大，再由最大变为零，完成一个周期，以后是下一个周期，如此反复变化。交流电有很多优点，除可用于一些特殊的用电器，如电动机等外，它对于电的传输，特别是远距离传输有着特别的意义。

对于直流驱动的用电器，要把输电线送来的交流电加以利用，必须把交流电变成直流电，这就是整流。现在整流通常不再使用真空二极电子管，而是使用二极晶体管，简称二极管，整流电路有了改进，像上面所提到的整流电路，只有效地把交流电正半周的电流变成了脉动直流电，而桥式整流电路却能把交流电正、负半周都变成直流电，再加上滤波电路，交流电就可以变成平稳的直流电了，我们收音机上用的变压器就是根据这个原理制成的。

红外电视能成为监视火情的哨兵

一个平静的夜晚，忽然烟火冲天，一场火灾发生了。消防人员及时赶到现场，投入了紧张的灭火战斗。可是让人着急的是，由于浓烟遮挡，消防人员一时看不清火源在哪里，只好大范围地铺开进行灭火。经过紧张战斗，大火扑灭了。这时候人们才发现，火源原来就在某层楼的一个房间角落里。

如果研制出一种专门的仪器使消防人员一到失火现场就能马上探测到起火地点，那样就能赢得时间，加快灭火，减轻灾情，减少人民生命财产的损失，那该是一件多有意义的事啊！

现在，科技人员已经研制成功一种叫做热释电摄像机的仪器，也就是红外热电视。这种电视可以用来探测火源，检查火灾隐患，对火灾进行监视和及时报警，被人们誉为"监视火情的哨兵"。

红外热电视摄像机，依靠被摄物体发出的红外线来摄像。被摄物体上的温度越高，发出的红外线越强，拍摄成的图像也就越清晰。利用这个特性，红外热电视就能不受烟雾、阴云和风雨等各种自然条件的限制，非常灵敏地对各种火情进行检查，把火灾消灭在刚刚露头的时候。

红外热电视可以做得很小、很轻，携带方便，这样就能用来对一些可能存在的火灾隐患的场所（如木材厂、木材加工车间存放木屑、锯末的地方，纺织厂的棉花堆，卷烟厂的烟垛等），随时进行检查，看看有没有隐患暗火或者内部温度升高的情况。在粮食仓库里，粮食发霉之前会发热，温度要升高。用红外热电视摄像机可以灵敏地检测出粮仓内部的温度变化情况，及时采取措施，防止粮食发霉变质。

红外热电视还可以对一个地区或者一个城市进行火灾监视和报警。一台比较成熟的红外热电视摄像机，加上大视角的镜头，可以监视五六平方千米范围内的火情。它随时显示出这个地区的热分布情况，为消防人员提供可靠的火情情报。

红外热电视摄像机配上火灾识别器、自动跟踪系统、搜索机构和望远镜，就构成了一种新型的"城市火情自动监控系统"。它可以自动搜索和发现五六千米远处两三平方米那么大小的火源，并能自动跟踪和报警。对于一个中小县城来说，有一个这样的设备就够了；一个中等城市需 3~5 个；一个大城市也只需要 5~7 个这样的设备就可解决问题。利用这样的城市火情监控系统，可以实现消防指挥调度自动化，为及时发现火灾、消灭火灾，提供了现代化的技术手段。

机床照明为什么不能用日光灯

在办公室和家庭中，广泛地使用着日光灯。日光灯与白炽灯相比有许多优点，其结构简单，价格低廉；它将电能转换为光能的效率较高，比同样功率的白炽灯节约用电近 2/3，并使房间得到较好的照明；同时日光灯使用寿命也比白炽灯约长 2~3 倍。日光灯具有这么多的优点，但当你走进工厂机床加工车间里，却不见机床上采用日光灯照明，而是白炽灯照明，这是什么道理呢？

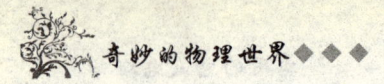

　　工厂用电一般为频率50赫兹的交流电，日光灯接入交流电路中会产生明显的频闪效应。即随着电压、电流的周期性交变，日光灯的光通量也发生周期性交变，这就使人的眼睛产生闪烁的感觉。当被照物体处于转动状态时，则会使人的眼睛对转动状态的识别产生错觉。当被照物体的转动频率是灯光闪耀频率的整数倍时，转动的物体看上去像不转动一样，这种现象在电学中叫做频闪效应。由于频闪效应的存在容易使操作者发生错觉而造成事故，因此，机床上不宜采用日光灯照明，而是使用白炽灯照明。

　　为什么日光灯会产生频闪效应，而白炽灯没有频闪效应呢？日光灯是靠汞蒸汽放电时辐射的紫外线激发灯管内壁的荧光物质使之发出可见光的。日光灯管两端封接有钨丝电极，上边涂有热电子发射材料。此外，还有镇流器和启辉器。灯管与启辉器配合使用，主要用以加热灯丝，并提供足够的电压使两极之间发射电子。当电子打到日光灯管壁上时，管壁上的荧光粉就将短波辐射变为可见光。灯管发光的明暗取决于打到荧光粉上电子的多少，而电子的多少取决于电极（灯丝）的电压的大小。虽然日光灯接有镇流器，但接到电极两端的电压还是交流电。因此，电极两端电压随频率变化而时大时小，致使电子发射量也时多时少，打到荧光粉上的电子也就时多时少，灯管的光通量随之时明时暗，这就是日光灯产生频闪效应的原因。

　　白炽灯是靠电流加热灯丝至白炽状态而发光的，其灯丝用钨制成，由于钨本身具有热惰性（温度的升、降需要一定时间，当加热电压变化比较快时，有的材料温度来不及变化），故白炽灯的频闪效应很低，不易被人眼感觉到。

电动机为什么会转动

　　目前较常用的交流电动机有两种：三相异步电动机；单相交流电动机。第一种多用在工业上，而第二种多用在民用电器上。

实用的电及电磁学

三相异步电动机要旋转起来的先决条件是具有一个旋转磁场。三相异步电动机的定子绕组就是用来产生旋转磁场的。我们知道,三相交流电相与相之间的电压在相位上是相差120度的,三相异步电动机定子中的三个绕组在空间方位上也相差120度,这样,当在定子绕组中通入三相电源时,定子绕组就会产生一个旋转磁场。电流每变化一个周期,旋转磁场在空间旋转一周,即旋转磁场的旋转速度与电流的变化是同步的。旋转磁场的转速为:$n=60f/P$(式中 f 为电源频率、P 是磁场的磁极对数、n 的单位是每分钟转数)。根据此式我们知道,电动机的转速与磁极数和使用电源的频率有关,为此,控制交流电动机的转速有两种方法:改变磁极法;变频法。以往多用第一种方法,现在则利用变频技术实现对交流电动机的无级变速控制。

定子绕组产生旋转磁场后,转子导条将切割旋转磁场的磁力线而产生感应电流,转子导条中的电流又与旋转磁场相互作用产生电磁力,电磁力产生的电磁转矩驱动转子沿旋转磁场方向旋转起来。一般情况下,电动机的实际转速低于旋转磁场的转速。

三相异步电动机

单相交流电动机只有一个绕组,转子是鼠笼式的。当单相正弦电流通过定子绕组时,电动机就会产生一个交变磁场,这个磁场的强弱和方向随时间作正弦规律变化,但在空间方位上是固定的,所以又称这个磁场是交变脉动磁场。这个交变脉动磁场可分解为两个以相同转速、旋转方向互为相反的旋转磁场,当转子静止时,这两个旋转磁场在转子中产生两个大小相等、方向相反的转矩,使得合成转矩为零,所以电动机无法旋转。当我们用外力使电动机向某一方向旋转时(如顺时针方向旋转),这时转子与顺时针旋转方向的旋转磁场间的切割磁力线运动变小;转子与逆时针旋转方

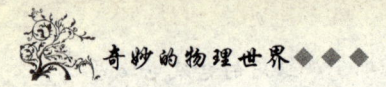

向的旋转磁场间的切割磁力线运动变大。这样平衡就打破了，转子所产生的总的电磁转矩将不再是零，转子将顺着推动方向旋转起来。

要使单相电动机能自动旋转起来，我们可在定子中加上一个起动绕组，起动绕组与主绕组在空间上相差90°，起动绕组要串接一个合适的电容，使得与主绕组的电流在相位上近似相差90°，即所谓的分相原理。这样两个在时间上相差90°的电流通入两个在空间上相差90°的绕组，将会在空间上产生（两相）旋转磁场。在这个旋转磁场作用下，转子就能自动起动，起动后，待转速升到一定时，借助于一个安装在转子上的离心开关或其他自动控制装置将起动绕组断开，正常工作时只有主绕组工作。因此，起动绕组可以做成短时工作方式。但有很多时候，起动绕组并不断开，我们称这种电动机为电容式单相电动机，要改变这种电动机的转向，可由改变电容器串接的位置来实现。

在单相电动机中，产生旋转磁场的另一种方法称为罩极法，又称单相罩极式电动机。此种电动机定子做成凸极式的，有两极和四极两种。每个磁极在1/3～1/4全极面处开有小槽，把磁极分成两个部分，在小的部分上套装上一个短路铜环，好像把这部分磁极罩起来一样，所以叫罩极式电动机。单相绕组套装在整个磁极上，每个极的线圈是串联的，连接时必须使其产生的极性依次按N、S、N、S排列。当定子绕组通电后，在磁极中产生主磁通，根据楞次定律，其中穿过短路铜环的主磁通在铜环内产生一个在相位上滞后90度的感应电流，此电流产生的磁通在相位上也滞后于主磁通，它的作用与电容式电动机的起动绕组相当，从而产生旋转磁场使电动机转动起来。

白炽灯泡、碘钨灯、高压汞灯不能靠近可燃物

白炽灯、碘钨灯、高压汞灯在通电后，它们的表面温度都相当高。灯具的功率越大，开的时间越长，温度就升得越高。例如，在一般散热条件

下，40瓦白炽灯泡的表面温度大约是50℃～60℃；60瓦的约为137℃～180℃；100瓦的约为170℃～220℃；200瓦的约为160℃～300℃。高压汞灯（即水银灯）的温度也很高，400瓦高压汞灯，其玻璃罩壳的温度也有150℃～250℃。而纸张、刨花、稻草、絮棉的燃点不过130℃～250℃，因此如离灯泡过近，就会很快烧起来。碘钨灯的功率则更大，温度也更高。1000瓦的碘钨灯灯管表面温度为600℃～800℃，几乎相当于一般小型电炉的温度。有时，虽然可燃物与它尚有一段距离，也会在强烈辐射热的作用下引起燃烧。

灯泡、灯管的表面温度还与散热条件有关。白炽灯泡的灯丝温度有2000℃～3000℃，它不断把热量传至灯泡表面，如不能及时把热量散发，灯泡的温度就会迅速上升。例如，垂挂着的100瓦白炽灯贴近稻草，经过50分钟后，温度可达360℃左右，使稻草起火；而同样灯泡倒放埋入稻草堆内，因为散热条件差，2分钟后稻草就会烧起来。

为了防止灯泡引起火灾，千万不要用纸张做灯罩，也不能让灯泡过分

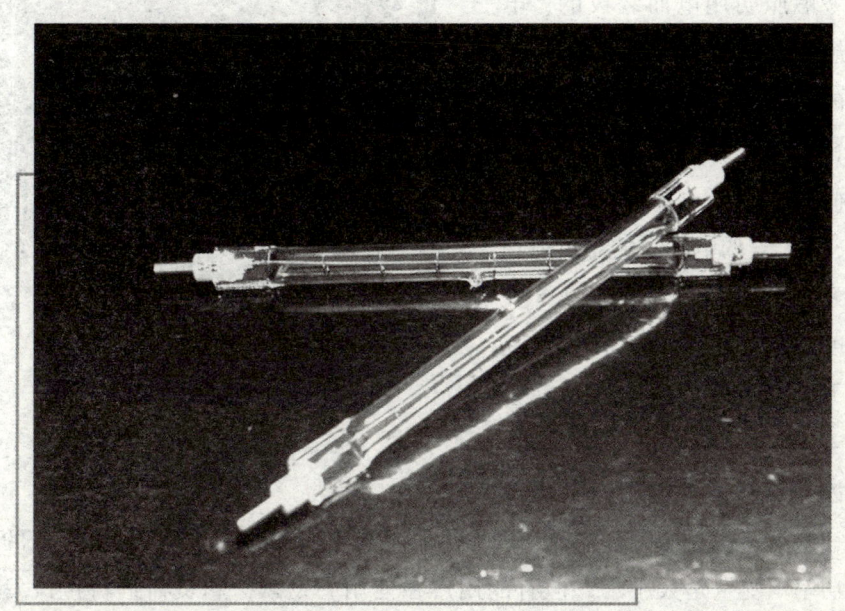

碘钨灯

靠近衣服、蚊帐、板壁、稻草、棉花及可燃材料的屋顶；存放可燃物资的仓库，不能使用大功率灯泡，还要保持一定灯距；绝对不可把灯泡放在被窝里取暖，那样做不但会起火，还有触电的危险；高压汞灯的镇流器、碘钨灯不应安装在可燃材料的建筑构件上，并应考虑通风、隔热及散热等防火措施。碘钨灯温度高，在使用时更应特别小心，必须与可燃物保持较大的距离。

电度表为何能超负荷运行

电度表是用来测量电能量的仪表，电能量是电功率与时间的乘积，其单位为千瓦小时，通常称为度。电度表是一种累积值的仪表，所以又称为积算电力表。

居民的家用电表多是以前仅考虑照明用电而装设的，电表规格大都为 2.0 安或 2.5 安，小的只有 1.5 安，最大的也不过 5 安。按单相电度表的额定负荷功率等于电压乘以电流计算，2.5 安的电度表的总负荷功率为 550 瓦，也就是说，2.5 安电度表的用电总功率在 550 瓦以下，方能保证电度表长期正常安全运行。对已有洗衣机、电冰箱、彩电、电扇、电熨斗

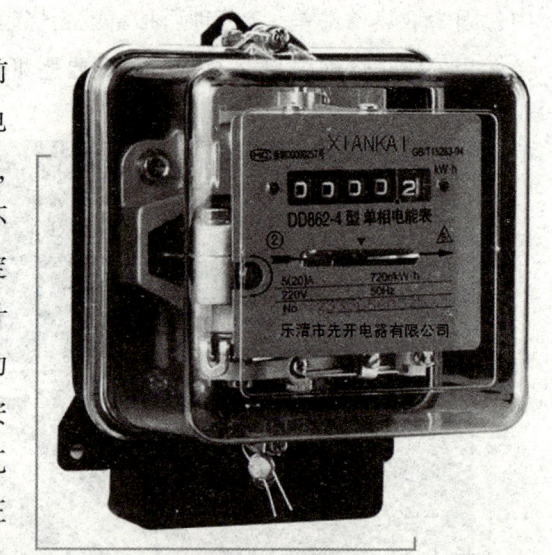

电度表

及一些电热炊具的家庭来说，再加一般照明用电负荷，2.5 安的电度表的额定功率承受量是太小了。但有的用户在使用中发现，超负荷运行也没发生什么故障，又是什么原因呢？细心的用户可能会注意到，一般家用电度表

的额定负荷电流数字后有一括号，括号内标有电流数字 2 倍的数字，如 2.5 安的电表括号内标有 5 字，也就是说，2.5 安的电度表可以承受 1100 瓦的负荷量而仍能保证安全运行。小电度表还是有潜力的，但潜力是有条件的，在超负荷的情况下尽量采用穿插、轮换使用的方法，并尽量缩短同时使用电器具的时间，减小电度表的同时负荷量，如有用电饭锅煮饭的时间，别再用电熨斗熨烫衣物。否则，将会损害电度表的功能及寿命，严重时会烧坏电表。

下表为 1.5～5.0 安家用电度表的过负荷率，用户可根据家中用电器具的情况掌握。

家用电度表过负荷率表

单相电表规格（安）	1.5			2.0			2.5			3.0			5.0		
超额定负荷功率倍数（倍）	1	2	3	1.6	2	3	1.6	2	3	1.6	2	3	1.6	2	3
超负荷功率（瓦）	528	660	990	704	880	1320	880	1100	1650	1056	1320	1980	1760	2200	3300
超负荷允许时间（小时）	24	6	0.5	24	6	0.5	24	6	0.5	24	6	0.5	24	6	0.5

一颗电子手表上的钮扣电池可供用多长时间

电子手表钮扣电池使用时间的长短，与电池的容量、电子手表的耗电量和使用情况（如照明灯是否经常使用等）有关。目前，常用钮扣电池的型号、规格和容量见下表。

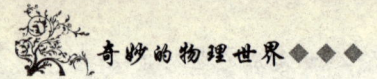

钮扣电池的型号、规格和容量

型 号	直径和厚度（毫米）	容量（毫安时）
392	7.9×3.6	38
RW47	7.9×3.6	55
547	7.9×3.6	38
393	7.9×5.3	75
RW48	7.9×5.3	100
RW49	11.6×3.1	100
CP-89A	11.6×3.1	100
549	11.6×3.6	90
386	11.6×3.6	120

　　电子手表的耗电量各不相同，一般说来，早期生产的全电子手表约为6～8微安，而近期生产的全电子手表仅3微安。

　　要想精确计算电池使用时间，必须首先知道电池的容量，然后用万用表的10微安或50微安挡串联在电池与电子手表之间，就可测量出表的耗电量。

　　比如，测出的电流为 I＝3.2 微安，选用一节 RW47 型钮扣电池，可供这只表走的时间为：

$$\frac{电池容量 \times 1000（微安时）}{I（微安）\times 24 \times 30（时）} = \frac{55 \times 1000}{3.2 \times 24 \times 30} \approx 24（月）$$

即一节 RW47 型钮扣电池，可供耗电量为 3.2 微安的电子手表走 2 年。

电灯泡要做成拱形的原因是什么

　　电灯灯丝通电以后，温度很快上升到两三千摄氏度，这时候它才能正常发光。一般金属达到这个温度就会熔化，钨的熔点最高，高达3410℃，所以灯丝大都采用钨丝。但是在高温下，钨丝会与空气中的氧发生作用，很快就烧断了。抽掉了灯泡里的空气，可以防止钨丝氧化，延长灯丝使用的寿命。

需要说明的是，一般的灯泡并不是真空的，里面虽然没有空气，却充进了一些在高温下不易和钨丝发生化学反应的气体，如氩气、氮气等，使灯泡内部保持一定压力。对于功率在40瓦以下的灯泡，也有保持真空的。它们为什么不会被大气压力压破呢？这与灯泡的形状有关系，灯泡是蛋壳形结构，又叫拱形结构。这种结构有一种特殊的力学性质，能承受很大的压力而不破碎，就像用手去握住一个鸡蛋，不管怎么攥它，都攥不破的道理一样。

尽管灯泡灯丝的温度可达到2000℃，但是灯丝没有和玻璃直接接触，热量不能直接传导到玻璃泡上来。就是充气的灯泡，通过气体对流传到灯泡上的热量也很少。所以灯丝发出的热，主要是通过辐射散发出来的。但是玻璃泡是透明的，本身并不吸收热量，热很快就透射出去了，灯泡表面的温度因而不是很高。不过用的时间较长，或者灯泡的瓦数比较大，灯泡也会烫手的。

各种电光源为何都要在真空状态下工作

所谓真空，并非是完全没有空气的空间，而是指压力低于环境（大气）压力的空间。目前，人们使用的各种真空泵，已可获得压力从低于760托到10^{-3}托的超高真空状态下，每立方厘米的空间仍有3480个气体分子（大气压下，每立方厘米有2.7×10^{19}个气体分子）。

真空环境的压力很低，它和大气之间存在一个压差。随着压力的降低（10^{-3}托以下），气体分子数量的减少，空气的热传导和热对流能力明显下降，因而有效地阻止了热量传递。在高真空环境中的（压力低于10^{-4}托），气体相当稀薄，环境非常洁净，空气分子不足以和任何发光、发热的物质（包括活泼金属）发生反应。气体分子、电子和离子可在这种空间里自由自

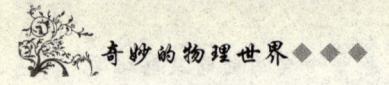

在地飞行而很少发生碰撞。

在真空中，白炽灯的灯丝不会因高温而氧化烧毁；充入微量的不同气体的霓虹灯可放射出五光十色的光线；显像管不会因电子束和其他粒子碰撞、偏转而发生失真。

随着科学技术的发展，真空已广泛应用于航天、高能物理、激光、冶金、化工等领域。

黄金历来被视为财富的象征，点石成金一直是人们的夙愿。现在真空离子镀膜已使这一神话变为现实。在离子镀膜机的真空室里，钛被加热蒸发成蒸气，而后与真空室中的微量氮气一起被电离加速，轰击不锈钢表壳或首饰的表面，形成一层氮化钛镀金膜，使其变得金光闪闪，耀人眼目，酷似黄金，而又比黄金更硬更耐磨。

真空镀膜不但可以仿金，而且可以代银。传统的制镜工艺是用硝酸银和葡萄糖在玻璃表面发生银镜反应，生成一层银膜。而真空蒸发制镜镀膜只需在真空室内，加热蒸发铝，并使其沉积在玻璃表面上，便形成了反射率和银膜相同的铝膜，这就是"以铝代银"制镜新工艺，可以为国家节约大量白银。

此外，在银镜片、照相机镜头上利用真空镀上一层光学膜，可使其光的透射率达98%以上；在塑料制品的表面真空蒸镀上一层金属膜，可以使其外观达到金属制品的效果。最近，国外发展起来的真空彩虹镀膜，所镀出的装饰膜更是如花似锦，色彩缤纷。

油浸变压器也会燃烧爆炸

1983年初，上海某电厂的一只油浸变压器突然发生爆炸、燃烧，大量变压器油喷射出来，引起大面积燃烧。结果，变压器全部烧毁，严重影响正常供电。

变压器是变换电压的设备，种类和型号很多，工厂、农村使用的大都是油浸变压器。外表上看，它都是由钢皮、钢管制成的，似乎烧不起来，其实，内部可燃的东西却多着哩！有绝缘用的纸张或棉纱，有木质支架，有燃点约为140℃的可燃性变压器油。例如1000千伏安的变压器就有纸料40多千克，木材0.012立方米，变压器油1吨；而12万千伏安的变压器仅变压器油一项就达62.3吨，简直是个小油罐。

那么引起变压器燃烧、爆炸的火源是从哪里来呢？仍然来自电气。首先是由于电器短路。线圈在制造维修过程中，由于操作不慎，损坏了绝缘物；变压器油质变坏，也对绝缘物有腐蚀、损坏作用。

油浸变压器

变压器长期超负荷也会引起事故。每台变压器的容量也是有限的，例如100千伏安的变压器，只能供给10只10千瓦电动机用电。用电量超过变压器的容量，变压器的线圈也要发热。长时间超负荷，就会损坏绝缘，形成短路。

变压器铁芯的每层硅钢片之间，铁芯与夹紧螺栓之间都有绝缘层分隔，如绝缘层损坏，引起涡流、发热，能产生很高的温度。变压器内各个导电体之间，以及导电体和外壳之间距离太近；变压器油受潮变质，绝缘性能下降；雷击时使变压器产生过电压或操作过电压，都可能发生闪弧现象。

此外，连接处接触电阻过大、油面过低都容易产生高温、电弧或电火花。当变压器内发生闪弧，产生高温、电火花时，不仅会使木质支架、绝缘纸等着火，而且会使变压器油分解成气体，发生爆炸。

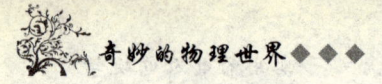

电线超负荷会发生火灾

我们装置电灯或电动机线路，一般都用塑料或橡皮绝缘电线。合上开关，电流通过电线进入电灯或电动机，就使电灯发光，电动机转动并带动机器工作。电流在电线里流动时，使电线发热，温度升高。为了使电线不致于过度发热，人们对不同规格的电线，规定了不同的安全载流量。

在一般情况下，用于明线的电线，周围环境温度为35℃，电线容许温升为30℃。选择电线时应注意，如果装置电线的场所温度高于35℃，安全载流量需按一定的校正因数予以降低。此外，选择电线还要考虑电压降问题，使实际通过电线的电流，小于安全载流量。

电线超负荷，即通过电线的电流超过了安全载流量。因为电流在电线里的发热量是和电流的平方成正比的，如果电流增加为2倍，发热量便增加到原来的4倍，超负荷严重时，将会使整根电线的可燃绝缘层全部烧起来，并引燃附近的可燃物而形成火灾。

电线超负荷的主要原因如下：

新装线路时，电线选得太细，通过电线的电流超过了安全载流量；在原有的线路上，任意增加或调大用电设备，如4平方毫米的塑料绝缘铝芯线，只能供电给14千瓦的三相电动机，倘使接了20千瓦的电动机，便会使电线产生严重的超负荷；线路或电气设备的绝缘损坏，发生严重的漏电或短路碰线情况，使通过电线的电流大大超过安全载流量；保险丝选用得不适当。如果保险丝选得太细，经常熔断，势必不利于正常用电；相反，如果保险丝选得过粗，当线路或设备发生严重超负荷时仍不能熔断，那么由于电线和设备的长期超负荷，必将烧坏绝缘，引起火灾。

防止电线超负荷，应注意下列各点：

根据用电负荷的多少，选用适当大小的电线，在原有的线路上，不应任意增加或调大用电设备；线路应按照装置规程安装，防止因绝缘损坏而发生漏电或短路碰线事故；经常检查线路负荷和绝缘的情况，发现问题，及时解决；保护线路或设备用的保险丝要选择适当，万一电线超负荷到一定程度时，保险丝会自动熔断，及时切断电流，防止发生事故。不应将保险丝任意调粗。

"电能"可否贮存在水库中

在能源的家族中，电是最受人欢迎的。因为它输送方便，容易控制，所以，在人们的生活和生产中，电源越来越被广泛地应用。但是，电能也有不足之处，它不能贮存，由于工农业生产用电的不同，人民生活习惯的差异，自然界气候四季变化等，都会引起用电负荷的变化。怎样才能适应这种变化？1882年有人曾设想，既然电能不能贮存，可不可把多余电能转化为水贮存在水库中呢？他们在苏伊士运河上修建了一座抽水蓄能电站，实现了这一设想。

这个抽水蓄能电站，是由水泵站和发电站两套机组所组成。随着科

我国第一座大型抽水蓄能电站

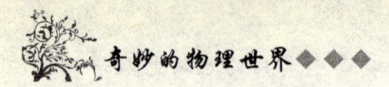

技术的发展,现在已发展为水泵——水轮机两用机组,即同一台机组即能发电又可抽水。白天和前半夜用电多,水库放水推动水轮机带动发电机发出电来,到后半夜,从0点到6点用户用电少,把电网多余的电供给水电站,发电机作为电动机带动水轮机反方向转动,把下池水抽到上游水库,即把"电能"贮存在水库中。

抽水蓄能发电,一般用3度电抽水蓄能,在需要时发出2度电。现在已提高为4度电换3度电,即综合效率达到了75%左右。由于高峰和低谷电价不相同,按国外实际比值和国内的合理比值均为1:3,所以在经济上是合算的。

利用抽水蓄能发电可以充分利用水力。常规机组发电,大量的水弃之东流。蓄能机组发电,则可以把水抽回,使水得到循环使用。有些水电站,由于缺水,只能在集中一段时间和丰水期发电。安装蓄能机组后,常规发电和蓄能发电结合起来,改善了单一常规机年内出力不均的现象,充分发挥水电站的调节作用,提高了水电站的经济效益。

身边的电线断落在地上不要跑步离开

当你身边带电的电线断落在地面时,你有什么想法?一定是想赶快跑离危险区,避免触电事故的发生吧!殊不知,事与愿违。你起步一跑就产生了危险,跑得越快,步子迈得越大,危险性就越大。为什么呢?这是电位差在作怪。大家知道,当带电的电线断落在地面时,落地点附近的地面上就存在了电场。而且离断落地点越近的地方电压越高,当你的双脚并立站在地上时,你和双脚基本上是处于等电位状态,危险性还不很大,但是当你跨步向远处跑的时候,后脚离电线断落地点近,电压较高;前脚离电线断落地点远,电压相对较低,电压一高一低,就产生电位差,也称为"跨步电压"。电位差跟步子迈得大小有关,步子迈得越大,电位差就愈大,危险性也就越大。电流由人的后脚进入人体,从前脚流出,这时人体肌肉在电流的作用下，就会发生痉挛现象，甚至会使人昏倒在地上。

人倒地后，由于人体与地面接触的面积大，前后距离增大了，电位差也就增大了，因而就更加危险。因此，要是万一发生电线断落在你身边的情况时，正确的方法是迅速背向电线断落地点，以单脚跳或双脚跳跑开，才能避免触电事故的发生。千万不要跑步离开危险区！

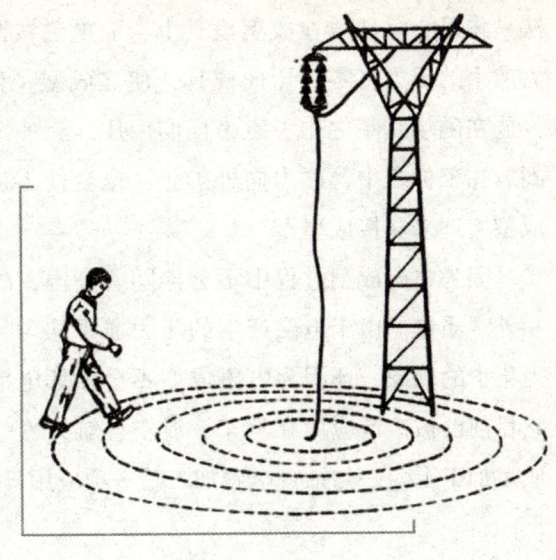

避免跨步电压

电磁加工技术的概念

当一个线圈通电后，会产生一个电磁场，放进线圈内的金属件就会产生感应电流。这种电磁装置对我们来说并不生疏，在我们日常生产中屡见不鲜，如日光灯的镇流器、电动机、发电机等等。但在机械工业生产中应用这种电磁装置进行加工的都是近年才兴起来的一项新技术。

电磁研磨都是将加工的零件放在两磁极之间，并加入一种磁性磨料，当接通电源时在两磁极之间就形成了一个磁场，然后零件做旋转或直线运动，磁性磨料在磁场作用下，仿佛一把刷子对零件表面进行研磨加工，从而使零件表面获得极高的光洁度。这种电磁研磨，可以用来加工不锈钢餐具、医疗手术器械、手表表壳、轴承、齿轮等等。电磁研磨加工速度极快，只要6秒钟就能完成研磨加工，是一种很有前途的精加工技术。

不久前，电磁加工技术中又出现了一种奇妙的成型加工方法。这种方法是将钣金零件放在成型模具上，而电磁线圈放在零件上面，通电后，磁力产生的压力将零件压向模具，使之成型。利用这种成型原理，如果将工件放在磁场线圈之中，磁力便向内压缩，使零件压缩成型；如果将磁场线圈放在工件之中，磁力向外扩张，也会使零件膨胀成型。还可以利用这种成型原理来联接成型。

因为电磁成型过程中不会伴随着高温，故而不会影响加工零件的强度和外观质量。由于电磁产生的压力非常均匀，成型后的零件也不会出现应力集中的现象。还因为电磁成型不会损坏电镀层和油漆表面等优点，因此它目前已被广泛应用在汽车、航空、航天、电子、武器制造中的金属零件成型加工上。一句话，电磁加工是一项应用日趋广泛的新技术。

磁场能够治病的原因

利用磁场治疗疾病的方法，叫做磁场疗法。磁场疗法简便易行，近年来发展很快。例如，用经过磁场磁化的服食，可以治疗各种结石症，非常经济方便。利用磁场治病的方法已有十数种之多，但目前最基本的是贴磁法、旋转磁法、电磁法和磁化水四种方法。磁场疗法能够治疗几十种疾病，而效果最好的是治疗软组织损伤、落枕、浅静脉炎、肌肉疼痛等病，对于关节炎、颈椎病、乳腺增生、高血压等病，也有较好疗效。

那么，磁场为什么能够治病呢？实验表明，一定强度的磁场，能够促进生物的发育成长，增强生物体的抵抗能力，延长生命的时间。20世纪60年代以来，已经逐步形成了一门新的学科，叫做生物磁学。生物磁学是研究磁场对生物分子、细胞、组织、器官和生物整体的作用，以及研究其他生物磁现象和在生物工程上的应用。磁场疗法，就是生物磁学的一个研究对象。

地球本身及其周围是一个大磁场，人类和一切生物都生活于这个大磁场之中。如同空气和水一样，磁场对于生命，不可分离。磁场对于人体的影响是多方面的。我们知道，人的身体能够通过电流，所以人体是一种导体。同时，人体本身也存在着生物电流，例如，心脏能产生心电，大脑能产生脑电，当然，这些电流都是非常微弱的。人体的这种生物电流是否正常，与其生理功能是否正常是相一致的。人的身体一旦受到外界或者内在因素的干扰发生病变的时候，生物电流也会出现异常变化。心脏、大脑、肌肉和神经由于微弱电流的存在，都能产生很微弱的磁场，而人在患病的时候，生物磁场也就随着生物电流的变化而发生变化。电动能产生磁，磁动能产生电。根据这个原理，在磁场的作用下，人体也能产生微弱的电流。利用磁场治病，就是利用磁场使人体产生电流来影响人体的生理病理过程，从而调节生物电和生物磁场，使之达到平衡，实现治病的目的。

生物磁学虽然是 20 世纪 60 年代以来才形成起来的学科，可是，利用磁来治病的方法，在我国已有 2000 年以上的历史。我国最早的药物学专书，东汉时代的《神农本草经》，就记载了用天然磁石治病的事例。

用磁场治病的优点很多，为广大病人所乐于接受，因而发展很快。

磁浮列车能够腾飞起来

行驶于陆地的交通工具一般都靠车轮滚动前进。从公元前 1675 年古埃及采用有刹车的四轮马拉车到现代的机动车，带轮的车辆在交通运输史上一直占统治地位，无论你做出多大的改革，运行中的车轮总要与路面或轨道接触。这种车辆因受到摩擦力诸因素的影响，难以获得最佳速度。20 世纪 70 年代初期，科学家拟定了建造磁浮列车的计划，并提出在 21 世纪内，一定要摒弃车轮，让陆地交通工具腾飞起来。20 世纪 80 年代初期，日本、联邦德国等终于先后研制成功高速磁悬浮列车，既不用车轮，又无需发动机，而是采用一种新的驱动方式，即车内电缆产生的磁场作用于轨道，推动列车前进。

磁浮列车的最大特点是速度快。它通过电磁场悬浮运行，在距轨道 10

~20 厘米的轨道上空，时速可达 300 ~ 500 千米/小时。按照这一速度，从广州到北京只需 5 小时左右。这种列车在行驶的过程中类似飞机，"起飞"时，靠 4 ~ 8 个车轮运行，当达到磁力悬空效能所需的速度后，车轮便像飞机轮一样缩起。列车只需 10 秒钟即可由磁力推动，而在 2.5 分钟后就能达到最高运行速度。

磁浮列车

磁浮列车是怎样腾飞起来的呢？超导体具有零电阻效应和完全抗磁性的特性。科学家根据这一原理，将列车的底部装置超导磁体，由它向轨道上发出很强的磁场。当列车运行时，超导磁体发出的磁力线与轨道的金属铝闭合回路相切割，由闭合回路产生的磁场，和车上的超导磁体相排斥，这样，由于超导体的完全抗磁性，使列车悬浮起来，再用磁力推动，就可达到极高的速度了。

高压电力线下不能盖房子

按照有关规定，架空高压电力线下面不允许建筑房屋、化工工厂、危险物品贮罐等。为什么呢？

架空高压电力线是露天架设，不可避免地会受到风、雨、雷、雾、温度等各种自然现象的干扰，也容易受到外力因素的影响。所以，线路设备发生故障也是难以完全避免的，如瓷瓶闪络、导线接头发热、短路、断线等。这时，一般都有大电流、强电弧产生，如下面有可燃物，就可能引起火灾、爆炸和触电事故。

架空高压电力线下面的工厂、贮罐、堆垛等万一发生火灾，也同样会威胁到电力线的安全。高压线大都是输电干线，一处发生故障，就会影响范围很广地区的正常供电。

高压线周围存在很强的电磁场，线下面和附近的建筑物中的金属构件、零件、金属贮罐会感应高达几百伏到上千伏的电压。如果接地不良，也会放出电火花，还可能造成人身触电事故。如建筑物、堆垛与导线距离很近，则还由于热天金属导线膨胀，松弛度增大，会更加靠近屋顶、垛顶，对它们闪络放电，同时还威胁人身安全。此外，这些建筑物等万一发生火灾，因附近有高压电线，给施救工作也带来较大困难。

按照有关规定，在高压电力线附近建造房屋、贮罐、堆放物资时，要保持一定的安全距离，一般要求是：水平距离不少于电线杆高的1.5倍。例如，电线杆高是10米，则至少要保持15米的水平距离。这样，即使电线折断，或电线杆倒下，也不致影响附近房屋、贮罐和堆垛的安全；而这些房屋、贮罐、堆垛失火，一般也就不会影响电力线。

架空电力线按电压大小有：50万伏、22万伏、11万伏、3.5万伏、2.3万伏、1万伏、6600伏、380伏等。3.5万伏及其以上的称高压输电线路，其中11万伏以上的称超高压线路。

电磁铁与门铃

早在战国时期，我们的祖先就发明了指南针。自那以后，人类就开始利用磁的性能为人类服务了。但是，在17世纪以前，人们并不知道电和磁之间有什么关系，只是在一次偶然的事件中，人们发现电可以生磁。

在17世纪的时候，有一天，狂风大作，雷电交错，一家皮鞋作坊不幸被雷电袭击。暴风雨过后，作坊主回到作坊里，他很惊奇地发现，鞋钉和缝针都粘到铁锤和砧子上去了，就像磁石能把钉子和针吸起来那样。当时

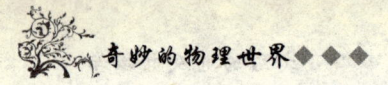

科学家仔细地研究了这一奇怪的现象，发现这种现象是雷电使铁锤和砧子等磁化所造成的。后来，人们就把电线绕到铁块上，制成了电磁铁。

到了19世纪，法拉第用实验证明：电可以产生磁，磁也可以产生电。从此，科学家们把电和磁完全联系起来了。

电磁铁具有广泛的应用，最早也是最简单的一种应用可能要数电铃了。电铃的主要部件是一个电磁铁，电磁铁上有一块衔铁，它和弹簧片相连接；衔铁的一端有一个小锤，锤和铃盖之间有一个小空隙。按钮就是电铃的开关，按下按钮接通电流，铁芯被磁化，将衔铁向下吸，小锤就会碰击铃盖，发出叮呤的声音。在衔铁被吸向下的同时，接触螺钉与弹簧片断开，电流中断，电磁铁失去磁性，衔铁又被弹回原处，电流再次接通，小锤又敲击一下铃盖。这样，在按下电钮期间，清脆的门铃声就响个不停了。当然，随着技术的发展，五花八门的电铃就应运而生了。

电磁铁的应用相当广泛。例如，你每天都能欣赏到美妙的音乐，还得靠电磁铁这玩艺儿呢。因为电视机、收音机等的扬声器中，就是由一块电磁铁和一个小振片来产生动听的声音的。在电话、电报和自动控制装置中，电磁铁充当其中的主要角色。工厂里有个"大力士"就叫电磁起重机，它能搬动成吨重的大铁块。

超导电性的应用

1911年超导电性发现时，其临界转变温度为 T_c = 4.2 开，即 -268.95℃，到1973年才获得超导体 Nb_3Ge 的最高临界转变温度为 T_c = 23.2 开，其间平均每年超导临界温度的提高只有0.3 开，而1973年以后又出现了10年的停顿。可是从1986年起，超导研究却突飞猛进。1月，临界温度提高到30开左右；10月，提高到33开；12月，在先后几天的时间内，T_c 迅速提高，15日为40.2开，26日为48.6开，30日为52.5开。这其间临界温度的提高，全是得益于超导材料的更新、变化。1987年2月16日，美国朱经武把临界温度提高到92开。1987年2月24日，这应该是中国人自豪的日子，中国科学院举行中外记者招待会，宣布物理所的赵忠贤、陈立泉等13名研究人员获得液氮温区超导体，起始转变温度为100开以上，出现零电阻温度为78.5开。从1986年到1987年不到两年时间里，起始转变温度迅速提高，平均每年递增40开还多。这种超导热潮确实让人高兴，但物理学家如此醉心于提高临界转变温度到底为了什么？

首先，电能的输送将是超导体最重要的应用之一。超导体输送电能的实现可能比其他方面的应用需要更长的时间，但毫无疑问，它的实现必然是全部超导技术中一个最稳定的发展。目前世界上几乎每隔10年，对电能的需要就会增长1倍，然而却有大约30%的电功率在输送电路上因热损耗而白白浪费掉。由于现在采用的电能输送方式已走入了死胡同，人们普遍希望能大规模地采用超导体。我们现在为什么不用超导体呢？原因就在于超导电性只有在很低的温度下才会出现（液氦温度为4开左右，和我们日常生活中说的摄氏温度相对应则是－269℃），有人说用液氦包上超导体来输电不行吗？这在理论上可以，在实践上却不行。原因很简单，液氦很昂贵。

目前，物理学家把超导体临界温度提高到液氮区（70开左右），情况就好多了，因为液氮便宜，价格为液氦的1/10左右，虽在输电应用上仍有困难，但总算看到了曙光！

其次，超导体临界温度的提高为超导体在其他方面的应用开辟了广阔前景。目前，超导电子显微镜、超导高速电子计算机、理想的磁屏蔽系统，微波技术更新等方兴未艾。相信随着超导理论的进一步完善和发展，超导体新材料的继续研制，超导必将对整个社会的发展产生推动作用。

变压器铁芯为何由薄片叠成

变压器中的铁芯是用来增大线圈的磁通，提高变压器的性能的。可是，我们通常见到的变压器的铁芯都是由硅钢薄片压制而成，这是为什么呢？

原来在线圈通以交流电之后，由于电流随时间不断变化，其产生的磁场也在不断变化，这样就会在线圈内的金属中感应出电流，这种电流称为涡流。由于金属的电阻率很小，金属内部往往激发出强大的涡流。

涡流与普通电流一样，也要放出焦耳热。工业上利用涡流的热效应制成高频感应炉来冶炼金属。当线圈通入高频交电流时，坩埚中的被冶炼金属内出现强大的涡流，它所产生的热量可使金属很快熔化。这种冶炼方法有一个很大优点，由于冶炼时所需的热量直接来自被冶炼金属本身，因此可达到极高的温度，并且有速度快、效率高和温度易控制等特点。

但涡流也有其不利的一面。一方面由于它的热效应，使变压器和电机中的铁芯温度升高，导致线圈材料寿命的缩短。另一方面，由于涡流发热要损耗额外的能量，使变压器和电机的效率降低。因此，为了降低涡流效应，变压器和电机铁芯都不用整块钢铁，而用很薄的硅钢片叠压而成。

硅钢是掺有小量硅的钢，其电阻率比普通钢的要大，因此，涡电流就会变小，减小涡流热效应。把硅钢制成薄片则是为了借用片间的绝缘漆切断涡流的道路以进一步减小涡流的热效应。计算表明，涡流产

变压器铁芯

生的热量与片的厚度平方成正比，因此，硅钢片做得越薄越好。

电子双双成对，结伴而行

自从1911年昂内斯发现超导电性以来，不少物理学家致力于从理论上解释这种现象，并相继提出了一些理论，在这些理论中最成功的则是BCS理论。

BCS理论是巴丁、库柏、施里弗提出的超导理论（BCS为三人名字英文首字母的联合），由《物理评论》在1957年4月1日公开发表，所以说4月1日是BCS理论的生日。BCS理论的关键是库柏对概念。他们认为：金属中的电子之间存在着特殊的吸引力，使电子结成电子对（人称库柏对）。

但是我们知道，"同性电荷相互排斥"，两个电子均带负电，何以相互吸引呢？

我们已经学过，金属是由原子组成的，譬如说铜导线，是由铜原子组成的，铜原子由原子核和核外电子组成。铜导线中的铜原子排列整齐，行是行，列是列，形成一个很规则的空间结构，叫做晶格点阵。铜原子最外的价电子与原子核的结合力是非常松驰的，而成为自由电子，失去了价电子的铜原子叫原子实。通常，单个自由电子作无规则的热运动，不会形成电流。但导线两端加电压后，自由电子便有了定向移动，产生电流。由于电子在运动时经常和原子实相碰，所以铜导线有电阻。

那么，库柏对是什么呢？电子b在晶格点阵里运动时，吸引带正电的原子实，例如原子实1、2、3、4被电子b吸引而移动到1′、2′、3′、4′。晶格点阵本是电中性的，但在1′、2′、3′、4′附近，由于正电荷相对集中，造成该处相对呈正电性，而使这个区域对a电子有吸引作用，从而使a、b结合成为电子对。这就是说，金属中将有很多的电子对。但通常情况下，由于运动的混杂，a电子和b电子的"线索"很容易被"掐断"，使库柏对不能生成。只有温度很低时才行，温度越低，结成的库柏对就越多，接近绝对零度时，几乎所有的电子都结合成库柏对。应该指出的是，库柏对中的两个电子并不是任意的，它俩必须是有着大小相等而方向相反的矢量，即它们的总动量为零。

这样我们就可以来解释超导电性了。在很低温度（液氦温度）下，超导体中存在很多很多的电子库柏对，电流由于这些库柏对的移动而形成。这时，原子实热运动对库柏对的定向移动不起什么作用，譬如一个电子受到原子实的作用，动量有些损失，但同时与它成对的另一个电子的动量，却又借助于原子实的作用，而有所增加，得失正好相消。总体看来，库柏对的总动量在运动过程中没有什么变化，原子实也没得到什么能量，因而表现出超导体在超导状态时的电阻为零，通上直流电时不会发热。

无线电波如何运载信息

我们知道，声音的频率为16～20000赫兹。但是，要把电磁波也这样发射出去显然是不行的，它会很快就衰减掉。我们的收音机一般用的中短波频率都在0.5～20兆赫兹左右。那么，用这高频率的无线电波是如何把信息运载出去的呢？

最早发展起来的运载方式是用被传送的信息来改变高频电波的幅度，这种方式叫"调幅"。它是用信息来控制晶体管输出。如果被传信息的能量大，则晶体管的大门开得就大，那

无线电波传播

么通过晶体管输出的载波幅度也就大；如果控制信息小，晶体管输出的载波幅度就小。通过调制后，波形就像一连串平躺着的上下对称的小葫芦。

1936年左右，专家们又发明了一种用信息来改变高频电流频率的新的调制方式，称为"调频"。它是用信息改变晶体二极管（变容二极管）电容量的大小，来改变电振荡的频率。它的振幅保持不变，而频率却随着音频信号而变化。它的波形就像压缩得不均匀的弹簧一样。

调幅波在空间传播时，其抗干扰能力很差，因此，用中、短波收听电台广播时，杂音往往很大。而调频信号则有很强的抗干扰能力，因此，收调频台就非常清晰。

随着数字通信及无线电遥控的应用，现在又发展起来一种用脉冲信息来控制高频信号的方式，这种方式称为"脉冲调制"。它主要用于雷达、遥测、遥控及数字通信。

有趣的"屏障增益"现象

在无线电波的传播中，当传播余隙过小时，路途中的障碍物可能会把电波挡住，造成严重的传播损耗，甚至使通信中断。但是，有时会遇到这样一种有趣的现象：在被高山挡住的电波传播路途上，接收到的场强比没有高山阻挡时更强，随着接收点离开山脚越远，场强也越大，甚至可以比没有山峰时大10分贝以上。这种现象称为"屏障增益"。如何解释这种现象呢？

电磁波由T发出后，一部分电波直接传播到山顶C，另一部分电波由地面A反射达到C。而C点的电波也有一部分直接传到接收站R，一部分通过B反射到R。只要反射波和直达波在R处干涉加强，则在R处就可以收到很强的信号。为减小山峰的绕射损耗，可在C点架设无源接力站，即在山顶上架设2副天线，1副对准T，1副对准R，2副天线用匹配馈线联接起来。

由屏障获得最大增益的现象对电波传播是很有利的，在通信线路上如果有可能，应充分利用。不过，这种条件并不是经常能得到的。

卫星通信

什么是卫星通信呢？简单地说，就是利用人造卫星作为中继站，进行地球上（包括地面、海洋和空中）无线电台、电站之间的通信。也就是说，由地面电台将天线电波发射到卫星上，再由卫星发射到地面上各接收站。

由于地球表面裹着一层电离气体的外衣，因此，一般的电磁波是不能穿过它达到外层空间，它们都被反射回地面。微波则能畅行无阻在它中间穿行，因此，卫星通信所用的波段是微波。

通信卫星有无源卫星和有源卫星。无源卫星只对电磁波直接反射，由于在空间中的传播损耗、卫星表面反射的无规则性等等原因，接收站收到的

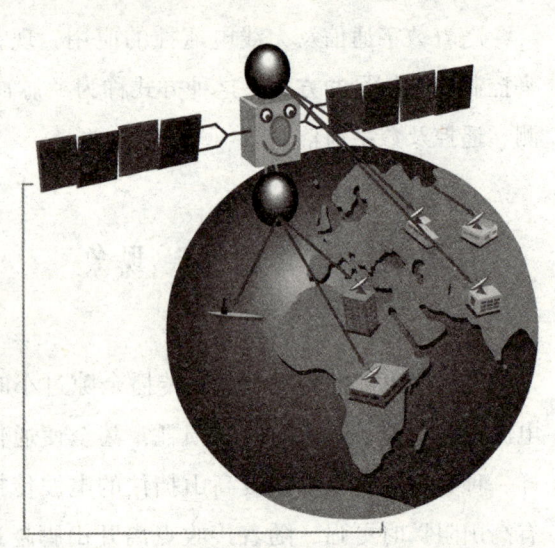

卫星通信示意图

信号非常微弱，通信质量很差。有源卫星装有电子设备，能将接收自地球站的信号进行放大等处理，再转发回地球，大大提高了通信质量。

利用卫星进行通信已经得到广泛应用。假定在中央机关的某个用户，打电话给边远地区某地方站附近的另一个用户。前一用户的电话信号经过一定途径，送到中央站，于是将电话信号调制在微波射频上，经由天线发向卫星，卫星收到这个信号后，转发回地面而被边远地区的接收站收到，还原为电话信号，送给用户。

无网捕鱼

渔民们出海捕鱼，就得带一张大网。手起网落，一群大大小小的鱼儿便成了他们的俘虏。但是，捕鱼是否可以不用网呢？是否可以只捕大鱼而不捕小鱼呢？这种想法现在已成现实了！

这就是：经过光的作用，把鱼召集起来；通过电的作用，使鱼群进一步密集；再通过泵的作用，将鱼输送上船。这个方法，叫做光－电－泵无网捕鱼法。那么电为何能捕鱼呢？

原来鱼对电极为敏感。当电场强到一定程度时，鱼就会出现趋阳现象，即鱼儿都会向阳极游去。当电场强度小于趋阳电场时，鱼在弱电流的刺激下，就会出现惊慌、鳍震颤、不定向乱窜等现象，这叫鱼的感电效应。如果电场强度高于趋阳电场，鱼就失去自控能力而处于假死状态。但是，停电后几分钟即可恢复常态。这叫鱼的麻痹效应。

大部分鱼类要当鱼体电压达到 $2\sim3$ 伏时，才会出现趋阳效应。所谓鱼体电压，是指鱼在电场中从嘴到尾所受到的电压。因此，在相同的电场强度下，鱼越长，鱼体电压越高。根据这一原理，在捕鱼时，加上适当的电场强度，就能达到捕大鱼、留小鱼的目的。在实际捕鱼时，由于电场并不均匀，离电极越远，电场强度就越小。

这样，在电极周围，从里向外形成三个区：麻痹区、趋阳区和电感区。位于电感区的鱼，由于在水中乱窜，有的就会进趋阳区；而趋阳区的鱼则不会离开，而是向阳极游去。一旦冲进麻痹区后，就失去了自控能力。在麻痹区中心——电极上装上一个鱼泵吸嘴，鱼就被捕上来了。

超导电性的发现

1898 年，英国物理学家杜瓦，克服重重困难，首次液化了氢气，为低温物理的发展迈出了重要的一步。事隔8年之后，卡末林·昂内斯也成功地液化了氢气，而且由于方法上的革新，1908年7月10日昂内斯第一次成功地获得了液化氦，使温度可以降低到4开左右。1910年又把低温推进到1.04开，真正逼近了绝对零度，所以昂内斯的朋友都风趣地赠给他一个头衔"绝对零度先生"。

　　物理学家致力于低温，并不仅仅是为了液化气体，更不是为获得最低的低温数字，而是要研究物质在低温时的性质。杜瓦发现，金属的电阻随温度的降低而减小。昂内斯的工作表明，纯金属的电阻最终在绝对零度消失。昂内斯在液氢的温度下测量了金属物质金、汞、银、铋等的电阻，发现不同汞的电阻是温度的函数。在4.2开时，由于出现了超导性，电阻突然消失了。

　　纯度不同的金属在低温下电阻变化不同，而且金属越纯，随着温度的降低，其电阻就变得越小。昂内斯继续在液氦温度下，测量了汞。因为汞在室温下为液态，易用蒸馏法获得很高的纯度。这次测量的结果使昂内斯大为惊讶。1911年4月28日，卡末林·昂内斯发表了一篇题为《在液氦温度下纯汞的电阻》的论文，向世界宣告："纯汞能够被带到这样一个状态，其电阻变为零，或者说至少觉察不出与零的差异。"人们第一次看到了超导电性。人们都知道，金属导电时有电阻，而昂内斯发现在液氦温区汞没有电阻，这无疑是物理学上的一个重大发现。这种零电阻的特性就叫超导电性，具有这种性质的物体就叫超导体，出现超导电性的温度叫转变温度或临界温度。昂内斯进一步的实验给出了汞电阻在液氦温度下随温度的变化曲线。

磁场导航

　　一只信鸽，即使你把它带到千里之外的陌生地方，它也能把信带回家。鸽子为何会有如此惊人的识途能力呢？
　　有人做过这样一个实验：在鸽子头顶和脖子上绕几匝线圈，以小电池供电，鸽子头部就会产生一个均匀的附加磁场。当电流顺时针方向流动时，在阴天放飞的鸽就会向四面八方乱飞。这表明：鸽子是靠地磁导航的。那么鸽子又是如何靠地磁导航呢？

有人把鸽子看作是电阻1000欧姆的半导体，它在地球磁场中振翅飞行时，翅膀切割磁力线，因而在两翅之间产生感生电动势。鸽子

信　鸽

按不同方向飞行，因为切割磁力线方向不同，所以，感生电动势也各不相同。鸽子体内的感受器官根据感生电动势的大小就可辨别方向。

但是，试验表明，在晴天放飞时，附加磁场并不影响它的飞行，这说明地磁并不是它唯一的罗盘。原来，鸽子能检测偏振光，在晴天它能根据太阳的位置选择飞行方向，并由体内生物钟对太阳的移动进行相应的校正。

必须说明的一点是，当电流逆时针流动时，不管是晴天还是阴天，鸽子都能飞回家。

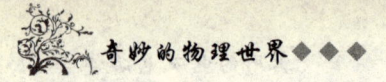

电器中的物理学

电视机里为什么会闯进"不速之客"

当我们聚精会神地收看妙趣横生的电视节目时,突然,荧光屏上闯进了一些不速之客:刺眼的白色短线,密密麻麻的白点,时隐时现的网纹等等。轻者,损坏了完美的画面;严重时,根本无法收看。

要想驱逐这些不速之客,就得查清它们的来源。当电视屏幕上出现白色短线或杂乱的黑白点状图像,甚至一些水平带,并常常伴有嗡嗡叫声的时候,就要查查附近是否有恒温箱、冷冻机以及周期性点燃的霓虹灯等,因为这些电气设备的开关接点闭合或断开的瞬间,就会产生火花放电,形成磁场辐射,成为干扰源。遇到这种情况,可在开关的接点两端并接上一个200欧姆左右的电阻和一个0.05~0.1微法的电容,以减轻干扰。

当电视屏幕上出现密密麻麻的白点,喇叭里传出噼噼啪啪的声响时,这可能是柴油机车、汽车、摩托车以及电车等电火花酿成的。遇到这种情况,减轻干扰的办法是,置放电视机的房间应尽量远离街道,离开干扰源越远,受到的干扰就越轻。

倘若附近设有高频电炉、粘压塑料的热塑机,它们发出的强烈的高频电磁波,闯进电视机里,会使电视图像受到严重干扰,甚至不出图像,无法收看。这时，需架设专用的室外定向接收天线，以增强电视信号，并要转动天线的方向，使干扰减到最轻的程度。

"重演"的实现

当我们坐在电视机前观看技艺精湛的足球比赛时，心绪总是伴随着球场上的激烈争夺而波澜起伏。刹那间，一脚凌厉的怒射，球中了！顿时，整个球场沸腾起来！这时，我们会情不自禁地产生一种让刚才那个扣人心弦的场面再重演一遍的强烈愿望。

现代的电视技术满足了我们这个愿望。在足球比赛的现场，几架摄像机从不同的角度摄取电视图像信号。经现场导演选择、编排，一路由微波设备发送到电视台播出；一路送录像机录像。每当进球时，导演指令录像员把录像磁带倒退到射门的前几秒钟，立刻重放，送电视台播出。由于先进的录像设备具有用正常速度录像、慢速放像的功能，这就为我们提供了在荧光屏上欣赏趣味横生的射门慢动作的机会。

另外，还有一种非现场实况播出中的重演。这种重演是由两台录像机来完成的。我们知道，一般的录像机，都具备录像和放像两种功能。两台录像机中，一台用来重放录有球场比赛实况的录像带，另一台用来复制前一台的节目。当遇到有进门的精彩场面时，用来录像的机器在适当的地方停下来，等用来放像的机器将磁带倒到进门的前几秒钟，再以慢速重放时，录像的机器与它同时工作。这样，就把重演的场景复制到要播出的录像磁带上去了。

雷雨大作时最好不要看电视

为了提高电视机的接收效果，电视机都设有天线，有的甚至还要架设

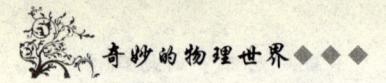

室外天线。室外天线是接收电视信号的好帮手，但它也会将雷电信号接收下来。

雷雨天，空间的雷电就是通过天线、馈线进入电视机的。

雷电对电视机的影响主要有两类：

干扰性的：雷电过程中放电时所产生强烈的干扰电磁波，这种干扰电磁波频谱很宽，几乎占据了从低频到超高频的整个频段，电视机在接收任何电视台节目时，干扰电磁波都会窜入电视机电路中，形成对图像和伴音的干扰，影响收看效果。但是干扰电磁波只是对图像产生星星粒粒的干扰，并使伴音出现鸣叫和杂音，而不会损坏电视机。

破坏性的：有些电视机由于用户架设了很高的室外接收天线，甚至超过附近的最高避雷装置，或者在远郊区，根本就没有避雷装置，当遇有打雷、闪电时，室外天线上空云层中的电荷就会通过电视天线进入电视机，然后再流入大地进行放电。这时候强大的放电电流不仅会损坏电视机，还可能危及人身安全。

那么，雷雨天究竟能不能收看电视节目呢？

雷雨天，对于使用室内电视接收天线，又采用蓄电池供电的电视系统，除了受到雷电干扰，接收效果差些以外，通常是不会发生雷击事故的。

对用220伏交流电供电的电视机，如果当地不是常遭雷击的雷区，用的又是室内天线或装有避雷装置的室外天线，一般而言，在雷雨天时也可以收看，对电视机不会有什么损害。但是，雷雨大作时，电压可能产生大幅度变化。因为雷雨大，狂风有可能吹断输电电线，造成一部分用户停电，而这时发电机和电力调度还来不及调整，发出的电量并没有减少，用电的户数却减少了，这就引起了电源电压瞬间升高。电压升高幅度随故障面积大小而变化，严重时，正常的220伏会瞬间升到240伏以上。这样高的电压是电视机内部的稳压装置所承受不了的。如果电视机装有机外稳压器或调压器，这种事故就可以避免了；否则，为防备万一，除非特殊需要，最好还是停止收看。

倘若电视机架设的是室外天线，而又未装上良好的避雷装置，在雷雨天就应停止收看，以避免损坏电视机，并防止由于电视机爆炸而引起的人身伤亡事故。还应该指出的是，没有避雷装置的室外天线，在不使用时，要把天线从电视机的天线插孔（座）上拔下来，与地线接通；否则，即使不收看电视节目，电视机也有可能遭到雷击。比较安全有效的办法，还是安装上避雷器。

彩电的放置不用考虑方向

20世纪60年代国外生产的彩色电视机，往往受地磁影响很严重，荧光屏朝南或朝北放置时，收看效果最好。因为这时地球磁场的方向与电子束的运动方向一致，不会对电子束的着屏位置产生附加误差，因此色纯度最好；倘若东西方向放置，效果就要差一些。这是彩色电视机特有的"方向性"，黑白电视机不存在这一问题。

现在生产的彩色电视机由于采取了一系列屏蔽措施，地球磁场对电子束的影响正被削弱到难以察觉的程度。因此放置方向对收看效果没有什么影响，并不一定要强调南北方向放置。

尽管地球磁场可以忽略不计，但在彩色电视机周围还是不宜放置磁性物体的。因为彩色显像管内的阴罩、栅网、外部的屏蔽罩、固交件等都是采用钢铁等金属制成的，要是周围的磁场比较强，容易使金属材料磁化，最后导致荧光屏的色纯度和会聚度恶化。为防止这种情况发生，目前彩电大都安装有自动消磁电路，开机后能对机内的杂散磁场进行自动消磁，从而

彩电放置

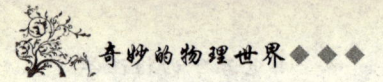

保证彩色图像的质量。但是，遇有较强外加磁场，机内的消磁电路也束手无策了。所以，除彩电的位置要尽量避开磁场干扰外，还要注意不要把带有磁性的收录机、半导体收音机、喇叭音箱、电子玩具以及磁性材料等，放在彩电附近。

电视机有时会起火

据统计，近几年来，发生起火事故的电视机大约占电视机总数的1/10000。虽然为数不多，但其危害程度却不可等闲视之。倘若处理不及时，会酿成火灾。绝大多数电视机起火，是由于行输出变压器出现故障而酿成的。比方说，30厘米黑白电视机的高压达9000伏以上，很容易引起跳火。1980年以前的国产电视机的行输出变压器，大多数都没有采用阻燃性材料（离开火源能自熄的材料）。因此，当出现高压跳火时，行输出变压器就有被点燃的可能。一旦行输出变压器被点燃，随之电视机的木壳或塑料壳、塑料制品元器件、印刷电路板等也将相继燃烧起来，乃至波及其他地方。另外，当电视机中的电路发生故障，导致晶体管过热，或者是电源部分出毛病造成电源变压器的电流过大或短路，也都有可能起火。

在收看电视时，如果电视机突然出现无光无声或光栅逐渐变小变暗以及图像扭曲等不正常现象时，应随即关掉电源，从电视机后盖有透气孔的地方，观察其内部有没有火焰，或用鼻子闻闻有没有烧焦的糊巴味。若有火焰或怪味应马上采取措施，消除隐患。在炎热的夏天，对这个问题更要引起足够的重视。一经发现电视机起火，应立即切断电源，拔下电源插头，并将电视机挪到远离易燃品的地方，再用湿麻袋、湿棉毯、湿棉被之类的东西，把整个电视机严加覆盖，使电视机与空气隔绝，火便会自行熄灭。值得提醒的是，千万不要采取泼水的办法灭火！

电视台播送彩条的原因是什么

电视节目即将开始时，我们拧开彩色电视机，就能看到屏幕上映出了白、黄、青、绿、紫、红、蓝、黑8条垂直彩带，这就是通常所说的彩条。

为了让观众在欣赏彩色电视节目以前，预先把电视机调整好，所以电视台在每次播出前，总是先播放彩条，作为调整彩色电视机的依据。

那么，怎样进行调整呢？

在彩色电视机的面板上，安置着控制图像质量的亮度、对比度、彩色饱和度和色调等4个旋钮。亮度和对比度旋钮的作用与黑白电视机里的相同。调节饱和度旋钮可以改变彩色的浓淡（深浅）程度；调节色调旋钮可以改变彩色的色调，使它偏红或偏蓝等等。这四个旋钮中任何一个调节不当，

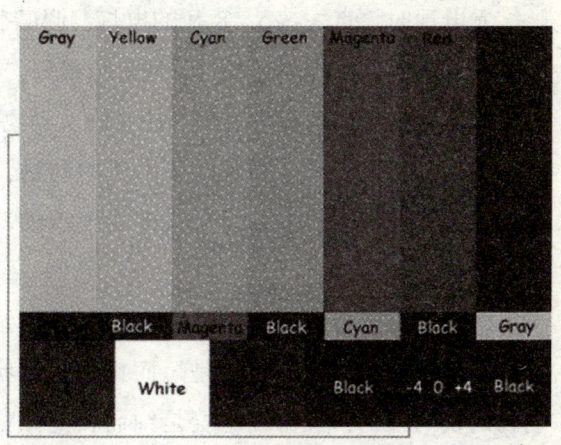

电视彩条

都会影响彩色图像的质量，它们是互相关联的，所以要将这四个旋钮配合起来调节。调节办法是：先把饱和度拧到最小位置，这时彩色消失，彩条变成了深浅不同的灰度条。然后将亮度和对比度旋钮配合起来反复调节，以便先得到从白到黑层次分明的8个等级的灰度。此后，可把饱和度旋钮逐渐开大，把颜色加上去，使彩色的浓淡适中，深浅得当。最后仔细地调节色调旋钮，可根据需要或画面上彩色的现状，分别向红色、蓝色或中间色加重，以获得姹紫嫣红、翠绿碧蓝、绚丽悦目的彩色图像。

彩条的亮度不是按比例递减的。如果以最亮的白带为100%的亮度，每

条色带的亮度与白带的关系是：蓝带为白带亮度的89%；青带为白带亮度的70%；绿带为白带亮度的59%；紫带为白带亮度的41%；红带为白带亮度的30%；蓝带为白带亮度的11%；黑带的亮度为0。由于各种带的亮度不一样，当亮度和对比度旋钮调节适当时，呈现在黑白电视机屏幕上的这8条竖带，应该是由左到右一条比一条黑的灰度带。

看电视时点红灯最好

看电视时，点一盏5~8瓦的电灯，眼睛就会感到很舒适。但从眼睛的生理角度来看，选择红色的灯管或灯泡最好。这是为什么呢？

要了解这里面的科学道理，让我们从动物的眼睛说起。你若留心的话，就会发现：鸡、鸽子等专营白昼生活的动物，一到黄昏就两眼昏黑，什么也看不见；蝙蝠、猫头鹰等专营夜间生活的动物，白天茫然无所见，入夜却看得很清楚。

解剖学家曾经研究过各种动物的眼球，他们发现：在鸡和鸽子之类动物的视网膜上，视觉细胞尽是短而粗的圆锥状体；而在蝙蝠和猫头鹰这类动物的视网膜上，视觉细胞全是细而长的圆柱细胞。这两种形状不同的视觉细胞，在功能上也有差异：圆锥细胞专管在白天看东西，圆柱细胞到夜晚最敏感。

在人的视网膜上，两种视觉细胞都有，所以白天和夜晚都能工作。圆锥细胞分布在视网膜的中央，管中央视力（即做精细工作时所需要的最敏锐视力）和色觉；圆柱细胞分布在视网膜的边缘，管周边视野和在微弱光线下看东西。

圆柱细胞内含有一种特殊的感光物质，叫视紫红质，是由维生素A与一种蛋白质合成的。夜里，圆柱细胞在接受光的刺激时，需要一定量的维生素A做原料，才能发生化学反应，产生视觉。如果长期在黑暗的环境里工作，维生素A消耗得太多或得不到及时补充，视紫红质就减少，眼睛在微弱光线下的视力降低，致使在黄昏较暗的环境中视物不清，眼睛发干觉得不得劲儿，严重者即导致夜盲症。而红光对视紫红质不起破坏作用，因此夜晚在红光下长时间工作或看电视时点一盏小红灯，就不会影响视力了。

电视机会发生人体感应

观众有时会发现，当人体靠近电视机或接收天线时，荧光屏上的图像会发生明显的变化：有时对比度强，有时对比度弱，有时杂波大，有时图像扭曲，有时人在某一位置时图像又特别好，但人一离开，图像又坏了……这是什么原因呢？

原来，人体对地存在着分布电容。当人体接近天线时，促使天线对地的电容发生变化，改变了输入到电视机中电波信号的强弱，同时，人体对电波也产生吸收、反射等作用，从而影响了图像和传递音质量。

遇到这种情况，首先应调整天线的方向、夹角和频率微调旋钮；其次，检查天线的内接与外接开关的位置，以及近、远程开关的位置是否合适。倘若均不奏效，其图像对比度依然很差，声音也小，杂波也大，很可能是离电视台太远，电波很弱引起的。这时就应该变动接收天线位置，使它处于强信号地区，或者架设室外天线，以提高接收信号的强度。

电视图像出现重影的原因是什么

伴随着城市里高层建筑的逐渐增多，电视机接收电视图像的重影现象日趋严重。

电视图像的重影，是由于无线电波到达电视接收天线有先有后造成的。虽然是一个电视台发射出来的无线电波，但是无线电波所走的路程是不一样的。因为鳞次栉比的钢筋混凝土建筑物，对广播电视的超短无线电波的

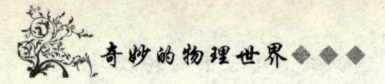

反射和吸收都是很厉害的。电视台发射的无线电波受到反射和吸收后，将以不同的路径，不同的强度到达电视机的接收天线。由于无线电波到达电视天线有先有后，强弱不等，便在电视图像上出现了强弱不同的重影。

  一般情况下，重影是可以消除或减弱的。使用室内天线的电视机，如果出了重影，可以耐心地调节拉杆天线的长度，改变天线的角度，变换天线的方向；有时甚至需要挪动电视机的位置。

  与此同时，还要配合调节电视机的频率微调旋钮，便能减弱或消除重影，获得比较好的图像和伴音。

  倘若接收点与电视台之间有高大建筑物重重阻隔，特别是有钢筋混凝土建筑物直接挡住了接收点的窗口，这时，电视台发射的无线电波被阻挡，反射波也传不进来，形成了死角，电视机接收的图像既弱又有重影。这时，只有架设室外接收天线，才能改善接收状况。室外天线尽可能架设在空旷的地方，远离建筑物，越高越好，但一定要安装避雷器。

  若使用室外天线后还有重影，则可能是天线、引下线和电视机之间连接上有问题，造成了无线电波在它们之间多次反射，出现重影。这时，应该按电视机和天线使用说明书检查连接情况，改正不合乎要求的地方，便可消除重影。

  还有个别电视机的重影，不是由于无线电波传播所造成的，而是电视机本身有问题。对于这类电视机，调整或改换接收天线是无济于事的，只有送去修理了。

电视机里有时也会发生"闪电"与"雷鸣"

  有的电视机虽然声音宏亮，图像清晰，但是收看时画面总是抖动个不停，特别是在潮湿的房间比较常见。在图像画面跳跃时，还常常听到轻微的噼噼啪啪的声响，还能看到电视机里闪烁的火花。与此同时，还散溢出一股难闻的臭味。这种现象的实质，和夏天的雷鸣闪电一样，也是一种放电现象。

这种现象，是因为电视机里的上万伏的高压连接电路接触不良造成的。

我们知道，显像管锥体右边用半圆形橡皮帽罩住的那根导线，是用铁镍合金材料制成的。它在湿潮的环境中容易生锈，并且在电视机工作的时候，带有1万多伏高压电。这根带高压的导线的接头，容易吸取并聚集灰尘。这样，电视机使用一段时间以后，由于生锈和积尘，就会导致上述现象的发生。

遇到这种情况，就请专业人员来处理。方法是：将电视机的电源断开，打开后盖，小心地拔下高压引出线，用细砂纸打去锈垢；再用棉花蘸点酒精，轻轻地将引出线、高压帽、高压嘴及其接头等擦拭干净；最后用100瓦的灯泡将其烘干，一般情况下，故障就可以消除了。

电视机平时要罩上布套

电视机的显像管是个真空玻璃泡，它很像一个带盖子的大漏斗，荧光物质硫化锌、硫化镉的混合物就涂在漏斗前面的"盖子"上，形成了显像管的荧光屏。由于荧光物质涂得很薄，在管内受到电子的冲击而发出的光，能在管外面看出来。荧光屏就是映出电视影像的银幕。

电视机的荧光屏受阳光直接照射，或受镜子反光照射时，都容易损伤，使其发光效率降低。为了保护荧光屏，延长其使用寿命，在电视机工作时，白天应该用窗帘把窗户挡上，而在电视机不工作时，应该罩上深颜色的布套。

布套不仅可以遮光，还可以防尘。电视机特别容易招灰。它工作时，机壳里的温度逐渐升高；关机后，温度又逐渐下降。温度变化比较大，并与机壳周围形成比较大的温差，驱使机壳内外的空气流动起来，容易把灰尘带进来，落在元器件上。再加上机器里有些元件上带有上万伏的电压，具有吸尘作用，所以，越是高度绝缘的高压元器件，落的灰尘越多。这样就容易造成短路、打火等事故。

另外，电视机布套还可以防止蟑螂等小昆虫侵入酿成短路事故。因为蟑螂喜欢寄居在黑暗的地方，喜欢夜间出来活动、觅食。电视机工作时，有些元器件把一部分电能转换成热能消耗并散发掉，使电视机内的温度随之上升，大大高于室内温度。当电视机停止工作后，

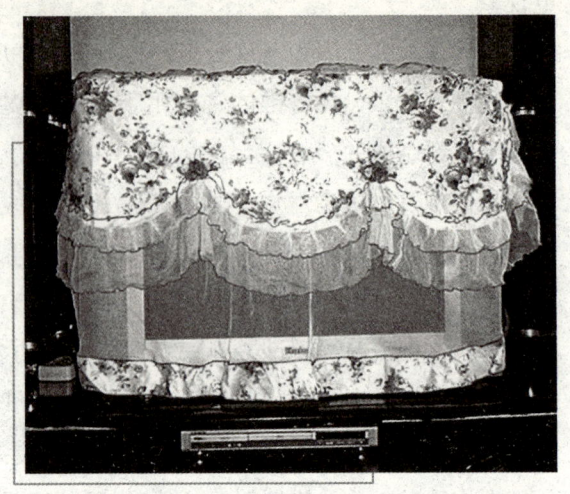

电视机罩

内部降温十分缓慢，相当长一段时间依然是高于室内温度的。晚上，关机闭灯就寝后，正是蟑螂活动的时候，电视机内部的温度正适合蟑螂的生活习性，常常招引蟑螂出没于电视机内外，甚至干脆寄居在里边。第二天再开机时，往往酿成短路事故。

检修电视机时，会发现：蟑螂大多寄居于电视机内散热比较多的带有高压的元器件附近。蟑螂通过自己的躯体使直流高压与底台接地金属壳相连，或使接有高压的接线架发生短路，造成机内电流骤然增大，烧坏零件，烧断保险丝，严重的造成机内底台绝缘板炭化或击穿，甚至引起失火爆炸事故。出现这种故障时，一般都伴有"吱吱"放电声和焦灼味，并可发现被烧焦的蟑螂残骸。遇到上述现象时，应迅速关机，找人检查修理。

电视机的布套不要用塑料布制作，塑料布容易发生静电吸尘现象，使用它会适得其反。最好用棉布缝制双层套，既防尘又遮光，一举两得。

电视机要控制亮度的原因

电视机图像的亮度，应该根据环境光线的强弱和对比度情况来调节。亮度太弱，使图像变暗，看起来很吃力；亮度太强，又使图像显得淡白而模糊，失去层次感和清晰感。图像过亮还会出现闪烁现象，使眼睛疲劳，同时还将缩短显像管的使用寿命。

此外，亮度开得越大，消耗的电能越多。例如，56厘米彩色电视机，最亮时功率消耗是85瓦，最暗时功率消耗只有55瓦。

正确的调节方法应该是：亮度旋钮与黑白对比度相互配合调节，以使图像的黑暗部分不呈现扫描线。在有测试图时，使灰度等级都分得清楚，画面又不闪耀为好。

要想控制电视荧光屏的亮度，还应该控制环境亮度。一般在收看房间里，不要点大灯泡，点一盏5~8瓦的小灯泡就行了，最好是点一盏能保护眼睛的小红灯。否则，势必要加大电视机的亮度、对比度和彩色电视机的色饱和度。这样不仅增加了用电量，而且容易使光栅聚焦变坏，甚至会缩短显像管的使用寿命。

另外，在电视台未发射电视信号前，不要把电视机开得很亮。

荧光屏上会产生静电场的原因

电视机在工作时，有时会发生一种意想不到的现象：我们用手碰到荧光屏时，会产生一种像轻微触电似的麻木感；当手远离荧光屏后，这种使人费解的现象便随之消失了。在温度比较高的房间里，这种现象尤其明显。

为什么会出现这种现象呢？

原来这是静电作用。一般电视荧光屏的内壁上都有一层铝膜或石墨层，其作用是保护显像管，吸收杂散光和加强电视机的对比度，它们上边都有很高的电压。黑白电视机一般在 12~16 千伏左右，彩色电视机一般在 20~27 千伏左右。而荧光屏外面是没有电压的，这样高的电压形成了一个静电场，手碰到它，自然会感到麻木了。

尽管高压电场是由几万伏的电压形成的，但是由于高压和手之间隔着一层厚厚的玻璃，这个电压远远不能把玻璃击穿，因此，对人不会产生什么伤害。

不过，由于静电场的作用，荧光屏的表面是容易落灰尘的。为了保持电视机的清晰度，应该经常清除荧光屏表面的灰尘。一般可用擦眼镜的细软的绒布擦拭。如果积尘过多，或者有油烟污垢之类不容易擦掉的东西时，可用棉球蘸酒精由荧光屏中心向四周擦拭，而后再用细绒布擦拭一遍，直到清洁为止。上述工作，一定要等荧光屏冷却后进行。同时要注意，不要把荧光屏划出道道来。

但是，在清除电视机里边显像管外壁的积尘时，切不可使用酒精之类的东西，以免破坏显像管外面涂抹的石墨层。可用皮老虎、气筒子之类的工具清除，也可以用软毛刷子剔除或细绒布擦拂，但一定要注意三点：这项工作要在停机半小时后进行，以防高压泄放不净触电；不要使用湿抹布；显像管管颈部分的玻璃比较薄，切不可用力过猛。

普通电视机不能直接收看卫星转播节目

偶尔，有人用普通电视机收到了来自远方的国外电视节目，便误认为是收到了卫星转播的电视节目。实际上，这是由于高空对流层的散射作用，或者是特殊电离层对电视波的反射作用造成的异常现象。利用普通电视机是不能直接收看到国际通信卫星转播的洲际电视节目的。

我们知道，目前世界各国发射的几千颗人造卫星都在浩瀚无垠的太空里遨游着。其中，专用做通信联络的，称为通信卫星。利用卫星通信，具有覆盖范围广、通信距离远、通信容量大、稳定可靠等优点。因而建立了国际性的卫星通信网,用于全球性的电报、电话、传真业务和彩色电视转播。

目前,实际应用于国际通信联络的地球同步卫星分别位于大西洋、太平洋和印度洋上空。所谓"地球同步卫星",是说它环绕地球公转的周期与地球自转的周期同步,换句话说,从地球上观察它,仿佛是静止不动的,所以又叫"静止卫星"。

通信卫星是采用微波来传送彩色电视的,对这样的信号,我们通常使用的仅能接收米波和分米波的普通电视机,是无法接收的,只有卫星通信地面站才能接收到。

为了让人们能直接接收通过卫星转播的电视节目,近几年来,科技工作者研究并实验了发射功率比较大的"直播电视卫星"。不过,由于卫星上的电视发射机的工作频率比较高,一般的电视机必须加装一个小型的变频装置和一个直径1~3米的半球形的卫星微波接收天线,才能接收。

眼下,国外已经研制成功一种新型的"卫星电视广播接收器"。它可以将直播电视卫星传送的微波转换成普通的电视波。可以安装在普通电视机里,只需要架设一个直径为1米左右的抛物面天线,就可以直接收看电视卫星转播的电视节目了。

电视机荧光屏为何越小越清晰

有人认为电视机越大越清晰,这是没有科学根据的。电视机的清晰度是指电视机对图像细节的分解能力。清晰度的高低是用线来表示的。根据我国电视标准规定,图像中心部分的清晰度不应低于450线,边缘部分的清晰度不应低于300线。这样,每行、每幅图像的像点数是固定的。因此,荧光屏越小,图像就越清晰;越大,图像就越粗糙。

那么,购置多大的电视机合适呢?首先要看放置电视机的房间有多大。

一般说来,小于 12 平方米的房间,以 30 厘米电视机为宜;12~15 平方米的房间,以 35 厘米电视机为宜;15 平方米以上的房间,可以选购 40 厘米以上的电视机。

另外,也要考虑耗电量。电视机的耗电量,是随电视荧光屏尺寸的增大而增加的。我国主管部门规定:30、35 厘米晶体管电视机,其耗电量分别不大于 40 瓦、50 瓦;35、40、43 厘米电子管或电子管与晶体管混合式电视机,其耗电量分别不大于 170 瓦、240 瓦、250 瓦。再说,电视机越大,结构越复杂。特别是显像管,每大 2.54 厘米,电压几乎增加 1 千伏。这样,大电视机对一些元器件的要求就苛刻得多,也就越容易损坏。

一句话,大屏幕的电视机价格高,耗电多,但可供几十人乃至上百人收视;小屏幕电视机价格便宜,耗电少,对于人口不多的家庭是比较经济实惠的。

清晰的电视画面

常看电视会损伤视力

德国科学家们对大量车祸做了详细统计与分析，发现其中1/3是由于司机看了电视后立即出车造成的。

原来，人的眼睛里有锥状和杆状两种细胞。锥状细胞专管在白天或明亮光线下看东西；杆状细胞的职能是在夜晚和微弱光线下看东西。杆状细胞内含有一种特殊的感光物质，叫视紫红质，是由维生素A与一种蛋白质合成的。感光后维生素A遭到破坏，倘若维生素A破坏量大，或者得不到及时补充，视紫红质就减少，眼睛在微弱光线下的视力降低，致使人在黄昏和比较昏暗的环境中看不清东西，甚至导致夜盲症。

不久前，美国科学家研究表明：看完几小时电视后，人体的维生素A会减少50%，致使视力降低30%，尤其是看彩色电视更为厉害。连续看1小时电视后，要经过大约30分钟才能恢复正常。若收看的时间超过1小时，则恢复的时间需要更长些。医生则认为，要恢复视力，看完电视后最好休息1~2个小时。

因此，对视力要求很高的工作，诸如驾驶各种机动车辆、化学分析以及开精密机床等，不能在看了电视后马上进行，要有必要的休息，以免出事故。

看电视时，必须注意以下几点：

亮度、对比度：屏幕太亮、太暗或者对比度太强，尤其是在晚上，屏幕明亮和室内黑暗反差大，都对眼睛不利。因此，在保证图像清晰的前提下，亮度、对比度要弱一些。

电视机位置：电视荧光屏应与观众视线水平或低于视线状态。人与电视机之间的距离，应等于电视屏幕高度的6倍。

环境亮度：室内应暗一些，不能开着明亮的灯，这样可使电视的图像更加真切。白天看电视时，应用深色窗帘遮挡。

看电视的姿态：不要躺着或仰着看电视，要坐正，但也不要长时间保持一种姿势。

看电视的时间：连续看电视1小时后，应稍停一会，闭目、转视、按摩一下眼睛，或者在节目转换时，站起来走动片刻，调整调整视力。

平时，注意多吃一些含维生素A丰富的新鲜蔬菜（如胡萝卜）、动物肝脏以及有助于维生素A的溶解吸收的脂肪，特别是应该多吃些植物油。

看彩色电视时离屏幕要远些

看彩色电视节目的人容易产生一种疑虑：彩电会不会产生X线，会不会伤害人体？

X线是由高速电子流突然被物体所阻止，电子的能量发生巨大变化而产生的。据理论分析，显像管辐射X线的强度与屏幕电压的平方成正比。30厘米以上的黑白电视显像管的屏幕电压通常在1万伏以上，彩色电视显像管屏幕电压通常在20～29千伏之间，必然辐射出一定数量的能量相异的X线。

但是，实验表明，当电子束打到荧光屏上时，电子的动能大约有80%转换成热能，大约有20%转换成光能，仅有0.25%左右转换为X线能。X线在通过屏幕玻璃时，还要被吸掉相当大一部分。吸收的多少取决于玻璃的厚度、密度及其成分。通常在1万伏以上的显像管屏幕玻璃中加入氧化

看电视要保持适当距离

铅、氧化钡等物质，来提高玻璃吸收 X 线的能力。

20 世纪 60 年代后期，美国一些学者测定彩色电视机可产生的辐射量竟高达 12 毫拉姆/小时以上。有些厂家为了增加彩色的亮度和对比度而提高机内电压，无意识地使电视机成为一台较弱的 X 线发生器，当线通过人体细胞时可击断细胞的染色体，可能引起肿瘤。

我国有关部门经过测定表明：无论是国产的，还是进口的，黑白的，还是彩色的电视机，在离屏幕 5 厘米的地方，X 线的辐射剂量都远远地低于这个标准。通过测定还知道，X 线的辐射强度，随着离荧光屏距离的增加而迅速减弱。假设距荧光屏 50 厘米处的强度为 10，那么 5 米处约为 0.1。所以，观众在收看电视节目时，只要与电视屏幕保持适当的距离，从荧光屏辐射出来的 X 线，是不会对人体造成什么危害的。

在这方面黑白电视机则有其所长，它的工作电压远低于彩电，产生的 X 线极少，可视为零。因此在这方面黑白电视机倒是更安全的。

看电视也会发生猝死和诱发癫痫

据报道，在伦敦每 10 场国际球赛中，就有 4~6 名电视观众因过于激动而猝死。电视机前猝死的主要原因，是冠状动脉硬化性心脏病发作或脑出血造成的。

冠状动脉严重硬化后，血管如同一条泥沙淤积的河流，内壁上附着很多稀粥样的脂类物质，管腔变得十分狭窄，有的竟比正常人窄 4/5，如此狭窄的通道，自然难以疏通充足的血液。严重时，冠状动脉的某一个分支还会完全被堵死，酿成心肌梗死。有严重冠心病的人，看一场扣人心弦的紧张球赛和做剧烈活动差不多，很容易诱发心绞痛、心肌梗死，进而使心脏失去收缩能力，血液循环陷于停顿。

脑出血的主要原因，是长期患有高血压脑动脉硬化，加上血压骤然升高，促使血管破裂。在情绪激动、精神紧张、狂喜、愤怒、悲痛等诱因下，

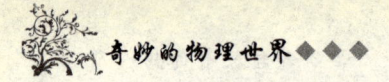

都可能发病。据日本科学家对脑出血发病时状态的统计，看电视时发病占2.6%。统计还表明，脑出血患者发病时，有高血压的人竟占94%。德国柏林心血管病中心研究所经过多次实验得出结论：所有高血压患者看完电视之后，血压都上升，其中1/3患者的血压甚至到第三天仍然不能恢复常态。为了防止意外，患有严重冠状动脉硬化性心脏病或高血压患者，观看电视节目，要做到心中有数，掌握情绪，不宜时间过长，尤其要避免收看情节异常紧张的电视节目。40岁以上有较长高血压病史的人，对此更应引起足够重视。

根据医学普查，人群中每1000人大约有5人患癫痫，其中有的还是由于看电视诱发的，称为电视性癫痫。这种癫痫病人平时不发病，一般在观看电视2~3小时后，或者走近正在工作的电视机时，患者突然木然不动，片刻失神，有的甚至突然倒地，神志不清，口吐白沫，四肢抽搐。男女均可罹患，以青少年患者居多。

这是因为强烈的荧光屏上视觉信号被视网膜神经节细胞接受，引起视觉中枢的异常放电。当这种异常放电迅速往大脑中心结构扩散时，扰乱了神经中枢的正常功能，从而引起癫痫。这种光敏感特异体质多属遗传。

这类病人在看电视时要离远些，最好不要去摆弄电视机。特别是有饮酒嗜好，但因其他原因而暂时戒酒的癫痫患者，不应观看电视。

另外，由于静电感应，在电视机荧光屏附近存在着大量带有微生物和变态粒子的灰尘。这些灰尘长期附着在人的皮肤上，会引起斑疹类皮肤病。

边吃饭边看电视，或者吃完饭后马上看电视，还会影响食物的消化吸收。时间久了会减弱胃、肠的消化功能。

电视图像为何会出现干扰

电视图像出现干扰的原因和现象很多，具体情况不同，出现的干扰形式也不同。因此，在遇到干扰现象时，要仔细加以分析，不要笼统地归结为电视机的故障。在分析干扰情况时，首先要分清干扰是来自机内还是来自机外。图像出现断续白线（或点）和黑线（或点）时，可先把天线附近的拨动开关放在衰减位置。干扰情况有变化，说明干扰来源于机外；干扰情况依旧，说明干扰来源于机内。机外干扰主要有电火花干扰、日光灯干扰、室内电风扇干扰和高频干扰四种。其中，电火花干扰来源于汽车、电车、电焊机、电钻、电吹风或闪电等，使屏幕上出现不规则的点或线。电视机受日光灯干扰时，屏幕上出现横条黑带，甚至图像会部分发生扭曲，黑带常常会沿垂直方向向上或向下缓慢移动。室内电风扇产生的反射干扰可能使图像不稳定，出现晃动或翻滚现象，并随着风扇的运动周期成规律变化。高频干扰来自高频热合机、X线机、高频电疗设备及短波无线电台等，可使荧光屏上出现固定或变化的斜纹状网纹干扰。

克服机外干扰的办法最好是架设室外定向天线，或在室内采用羊角天线。倘若故障在机内，一般是某些元件或引线性能不良、直流高压部分放电、高压打火、机内有发生振荡或机内抗干扰电路故障等引起。找出并修复故障部分，机内干扰即可消除或减轻。

数字卫星电视

数字卫星电视是近几年迅速发展起来的，利用地球同步卫星将数字编码压缩的电视信号传输到用户端的一种广播电视形式。主要有两种方式。一种是将数字电视信号传送到有线电视前端，再由有线电视台转换成模拟电视传送到用户家中。这种形式已经在世界各国普及应用多年。另一种方式是将数字电视信号直接传送到用户家中即：Direct to Home（DTH）方式。

美国 Direct TV 公司是第一个应用这一技术的卫星电视营运公司。与第一种方式相比，DTH 方式卫星发射功率大，可用较小的天线接收，普通家庭即可使用。同时，可以直接提供对用户授权和加密管理，开展数字电视，按次付费电视（PPV），高清晰度电视等类型的先进电视服务，不受中间环节限制。此外 DTH 方式还可以开展许多电视服务之外的其他数字信息服务，如 INTERNET 高速下载，互动电视等。

DTH 在国际上存在两大标准，欧洲的标准 DVB – S 和美国标准 DigiCipher。但 DVB 标准逐渐在全球广泛应用，后起的美国 DTH 公司 Dish Network 也采用了 DVB 标准。

电缆电视

现在的电视机上都带一根天线，用来接收电视台发射出来的电波。这种传送电视节目图像的电波有一个怪脾气，就是遇到障碍，就要受阻。因此在高楼耸立的城市里或群山包围的村庄，居民收看电视的效果很不理想。

20 世纪 70 年代，国外兴起的公共天线电视，就是在某一高楼屋顶上或在山顶上设置一条公共天线，由此天线把电视台的节目接收下来，然后再用电缆分配给有关用户的电视机使用。这样不仅使收看的电视节目图像清晰稳定，而且解决了高楼密集地区部分居民收看不到电视的难题。这种初型的电缆电视很快显示出它的优越性，受到世界各国的重视。有的图像电视台像设置电话线那样直接用电缆通到各个用户家里，发展成整套的电缆电视系统。

进入 20 世纪 80 年代，电缆电视又有新的发展，有一种双向电缆电视系统，除了接收电视节目外，还可像打电话似的询问诸如天气预报、市场行情、生活常识等问题。

随着光缆技术的突破，又利用光线通过光缆来传输信息。它的最大优点是光缆的直径可以做得很细，成本低廉而且传输质量高，尤其对长距离传输最为有利。

我国是多山的国家，要把电视普及到山区居民，电缆电视是一种不可缺少的工具。随着城市建设的发展，高楼大厦的兴起，电缆电视系统将成为建筑部门设计新型楼房所必须考虑的项目。

液晶显示板可以代替显像管显示图像

30厘米、51厘米……直到对角线长达1米的电视机均已问世。为了满足各个方面的需要，人们还在不断研制更大屏幕的电视机。屏幕的尺寸越来越大，电视机的躯体也越来越肥胖臃肿。

能不能治好电视机的"肥胖症"呢？

治病，必须对症下药。要治好电视机的"肥胖症"，先得查明它患"肥胖症"的原因。原来，毛病是出在电视机的"心脏"——显像管上。显像管像一只方底的玻璃瓶子，横躺在电视机里。灰绿色的"瓶底"是屏幕，长长的"瓶嘴"里装着电极。由于显像管的"瓶嘴"长长地向后边伸着，就使电视机的前后方向特别厚大。

然而，这个"心脏"又是不可缺少的。那么，给电视机来个"换心手术"行不行呢？

完全可以。现代科学技术为电视机提供了一种新型的"心脏"——液晶显示板。这种液晶显示板只有几十微米厚，用它来代替显像管，电视机就可以变得非常"苗条"，以至薄薄的像面镜子，直接挂到墙上。

液晶显示屏

液晶是什么东西？液晶显示板为什么能代替显像管显示图像呢？

液晶是一种新材料，一种处于液体和晶体之间中介状态的有机化合物，它不但具有液体的流动性，而且具有晶体的电学和光学性能。

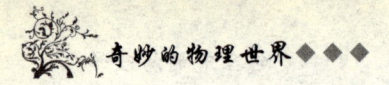

液晶是由棒状分子构成的,各个分子沿着一个方向层次有序地排列着。按照分子排列的不同,液晶可以分成三种类型:近晶相液晶、向列相液晶和胆甾相液晶。它们具有许多珍奇的物理特性,对电场、磁场、声能、热能等外界刺激,反应非常灵敏,能够产生种种光学效应。例如,向列相液晶本来是透明的,但在外加微弱电场的作用下,某一区域发生扰动,分子的层次有序的排列就会被破坏,发生光散射,于是变成乳白色的不透明物质。当外加电场去掉后,它又重新恢复了透明的性状。液晶用做显示板,主要就是利用它的这种电光效应。通过控制液晶内的扰动范围大小、形状和部位,就能够达到显示数字、文字和图像的目的。液晶显示板就是这样发挥液晶的特殊才能,代替显像管来显示电视图像的。

电视机采用液晶显示板有许多优点:体积小,重量轻,造价低,耗电少。利用液晶可以制成袖珍式、便携式电视机,如同一本薄薄的小书装在衣兜里;也可以制成壁挂式大屏幕电视机,好像一块精致的大相框挂到墙上去;还可以制成多屏幕电视机,使观众能同时看到多个频道的各种不同的节目。液晶电视机还有一个特点,它的液晶显示板不像显像管那样靠本身发光显示图像,而是靠液晶对于周围环境光的反射显示图像。这样一来,人们就可以在任何地方观看电视节目。

放置音箱要选择合适的位置

当你的家里有一台不错的收音机或收录机时,如果再配上音箱,那真是锦上添花。选择音箱要注意箱体木板的厚度,一般面板要比侧板厚一些,装有6.5英寸以上口径的音箱或标称功率为5瓦以上的音箱,木板厚度应在7毫米以上。选购时可用手背指关节敲打一下音箱侧板的中央部位,凭经验来断定板的厚度,或者可从音箱背面木板拼合处看出板的厚度。

根据收音机的输出阻抗确定音箱阻抗,两者要尽可能匹配。如果音箱的阻抗较大,则收录机的输出功率就会变小,收听时音量就很轻。反之,如果音箱的阻抗较小，在开机音量较大时会毁坏收录机的功放部分或引起较大失真。

选用音箱时另一个必须考虑的是功率问题。目前市场上收录机的种类很多，在功率标注上存在着很大差异。有些标的是瞬时音乐功率，有些则标的是不失真功率或额定功率。如果音箱中

音箱放置

的高顺性低频扬声器口径大于或等于收录机中低频扬声器的口径，那么，即使音箱功率比收录机的输出功率小，一般也不会因功率承受不了而受到损坏。需要指出的是，现在立体声收录机上标注的功率往往是两路功率之和。另一方面，收录机的输出功率比音箱标注的功率小是否可以用呢？实际上音箱的功率标注是指某种条件下功率承受的极限值，一般是对一段较长时间而言的。也就是说在这个功率值以下进行工作是绝对安全的。因此，在这种情况下，收录机与音箱相配是没有问题的。

实践证明，即使是同一只音箱，放在同一房间的不同位置上，音质也会有明显差异。这是因为，在房间里不仅能听到直接的声音，而且还能听到来自墙壁、房顶、家具等反射声音。这说明通过音箱发出声音的质量，与房间的大小、形状、墙壁的材料、声源设置的场所、位置、方向性等因素有关。

那么，音箱究竟在房间内如何放置最合理呢？

如果是一只音箱，在长方形或正方形房间内，音箱最好放在房间四个角的任何一个角上，或者任何一面的中心位置上，扬声器要面向收听者。

一般情况下，两只音箱尽量放在左右对称位置上，让收听者感觉音质最满意。考虑到家具布置不可能对称，所以音箱需要适当调整位置。

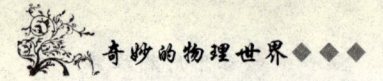

音箱的高度一般要求与收听者眼睛和耳朵的高度一致，可以适当调整箱内扬声器向上或向下倾斜些。

音箱不能直接放在地板上，否则中音会被木质、胶质地板吸收，低音会被地板反射而加重，因此要用砖、书箱、木架等将音箱垫高些。

如音箱放在桌、柜上时，声音能引起桌、柜发生共振，可在音箱底部垫上厚布、毡或泡沫塑料等。

音箱前面需要开阔些，如发现墙壁反射较强，可放些家具增加散射，或挂上厚一些的窗帘。音箱上面不要放置电唱机、收音机、收录机等。

音箱与电唱机、收音机、收录机的连接导线，要尽量粗和短一些，连接处要牢固并焊接好。

音箱要与房内的家具、电视机、收录机等协调配合，造成一种良好的欣赏音乐气氛。适当考虑隔音和吸声，为了不影响孩子学习，不干扰邻居休息，可在墙壁、窗户上挂厚些的幕布、窗帘等。

电冰箱也会漏电

目前，市场上出售的电冰箱的外壳普遍是用金属制造的，而冰箱内往往有冰霜、凝露，使用过程中可能会受到振动及外力等影响，冰箱就可能出现漏电现象。

冰箱漏电一般有感应漏电、温度控制器漏电、压缩机组漏电等三种类型。

感应漏电是指接触箱体时有麻手感觉。为什么会出现感应漏电呢？这是因为压缩机的引线和照明线路从箱体外壳和内壁之间穿过，形成分布电容，压缩机线圈上又存在自感电势，就会出现感应电流，因而箱体有麻手感觉。解决办法是在外壳上装接地线，把感应电流导入地下，这样箱体就不会有麻手感觉了。

温度控制器漏电是由于温度控制器装在冰箱内壁上。当凝露过多时，结露的水会使温度控制器接点上的胶木架与箱体短路，因为露水是良导体，这样箱体就会带电了。解决办法是擦净箱内积水和更换绝缘性能不良的温度控制器的接点。

压缩机组漏电是由于在运输和搬运过程中，因为剧烈震动使压缩机电动机的线圈与外壳相碰，或者是因为压缩机电动机的线圈与外壳相碰，或者是因为压缩机电动机质量不好，或者是冰箱的运行条件恶劣等因素使电动机的线圈过热，绝缘材料性能下降，从而引起漏电。处理办法是检修压缩机的电动机，更换绝缘材料。

以上三种漏电类型，在运行中一旦发现，应立即切断电冰箱的电源，进行检修。不要拖，切忌麻痹大意。因为漏电如不及时处理，故障可能扩大，甚至会发生触电事故。

另外，在检修漏电故障时有一个问题应特别注意，千万不要把电源零线作为接地线，这样最容易触电，一定要把电源零线和接地线严格分开。

电冰箱最好不要"冬眠"

科学实验表明，在富有蛋白质的食品，如鸡蛋、牛奶、肉类中有许多酶，这些酶可以使食品发生自我分解而变质，并产生一些有毒物质，若有致病菌污染，就更容易引起食物中毒；而且变质的食物往往丢失了大量的维生素，使营养价值明显下降。温度越高，这种自身分解作用就越快，如将食品放入冰箱内在 5℃ 以下冷藏，不仅营养损失小，而且可使食品不变质。因为细菌繁殖要一定温度，如在冰箱内 5℃ 的牛奶中，10000 个细菌经 1~2 小时培养后，细菌数仅增加 1 倍；但在 20℃ 时，就可增加到 700 倍。这表明电冰箱有高度抑制细菌繁殖的本领。

电冰箱还能抑制致癌物的形成。我国常见的食管癌和胃癌的发生都和食物中亚硝酸铵的含量有关，而亚硝酸铵的形成又和温度有关。把食物存放在 2℃ 的冰箱内 72 小时，没有亚硝酸铵形成；若放在 25℃ 室温中，则 72

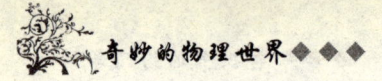

小时后亚硝酸铵量增加700倍。

尽管我国北方冬天很冷，但室内温度一般也在20℃左右，所以，肉、蛋之类的东西不能放在室内，还是存放在电冰箱里好。室外虽然很冷，但忽冻忽溶，食品很容易风干，也不卫生。因此，不能为了省电，就停用电冰箱，让它"冬眠"。再说，冬季环境温度、食品温度都很低，电冰箱的运转次数、时间相应减少，耗电也相应降低。

另外，从保护电冰箱的角度出发，保持正常运转比停机存放更有好处。冬季电冰箱停用后，压缩机内的润滑油会沉底发黏，机内各部件处于干涸状态。来年再用，会使压缩机起动困难，起动后磨损严重，影响电冰箱使用寿命。

电冰箱为何发出"咔叭"声

冰箱在工作过程中，在开始运转的几分钟内，往往会发出声音不很大的"咔叭"声，这是由于停机时温度突然降下来，高压排气管和冷凝器两者之间温差较大，铜管因热胀冷缩的原因而发生的声响，这种不很大的"咔叭"声是一种正常现象，不影响使用，可以不去理它。若电冰箱内发出"放炮"式的"嘣嘣"声，则就是冰箱的非正常现象了。这是因受刚刚运转和停止时压力的影响，使冷藏室内的四方形片状蒸发器的四个小螺钉松动而造成了蒸发器向外扩胀和向内收缩而产生的响声。为使其恢复正常，可自己动手排除，方法是：先准备四个尺寸相应的胶皮垫，切断冰箱电源后，分别将四个小螺钉卸下，每拆下一个小螺钉，就垫上一个胶皮垫，然后再拧好。这样处理后，启动后的电冰箱就不会出现声响很大的"嘣嘣"声了。

倘若电冰箱中出现爆炸现象，则是另一回事儿了。

电冰箱在使用中，只要按使用说明书中的规定，不在箱内存放易燃易爆物品，如乙醚、汽油、液化石油气等，就不会发生爆炸现象。电冰箱内存放了易燃易爆物品发生爆炸的原因，是由于装置在箱内的温度控制器，在控制箱内的温度时,是通过本身内的触点接通、断开,进而控制压缩机电机运转和停机来实现的,在触点通断过程中常常产生火花,如火花发生在达到一定浓度的易燃易爆物品的挥发气体中,就会引起爆炸现象。

电冰箱内要保持干燥

电冰箱内比较干燥。为防止蔬菜水果失水干瘪,常用保鲜薄膜包贴或用有盖容器盛装。为什么电冰箱内这样干燥呢?

现在我们来看电冰箱中的情况:常用电冰箱上面为冷冻室,下面为冷藏室,冷冻室温度一般为 $-12℃ \sim -18℃$,冷藏室的温度为 $0℃ \sim 10℃$。冷藏室的冷量是靠与冷冻室上下空气对流提供的,假定下部开始为饱和空气(空气中所含水蒸气已达饱和程度),当下部空气对流到上部冷冻室周围时,由于温度下降,会有部分多余水分析出被冻成霜花,空气中水分含量减少。这些空气对流到下部时,由于温度升高,变成不饱和空气,相对湿度降低,形成干燥空气。这些湿度较高的空气再对流到上面冷冻室周围又会失去部分水分变成干燥空气后回到下部。这样不断循环,就使电冰箱中变得比较干燥了。

由此可见,冰箱储藏蔬菜水果等使用保鲜薄膜,不仅是为了防止水分失散,同时也是减少冷冻室结霜花和减少化霜的次数的措施。

由于冰箱内壁是低温又比较干燥,这就扩大了冰箱的用途。不仅能储藏蔬菜食品,一些日常怕热怕潮的用品,如胶卷、相纸、香烟、药品甚至衣料等也可储藏。所以有条件的话,家用电冰箱还是容积大一些好。

电冰箱为何会频繁启动

电冰箱内的温度是通过制冷机的间歇运转来控制的。在正常情况下,制冷压缩机的运转时间应只占 1/3 左右，1 小时内制冷压缩机的启动次数一般是 2~3 次，最多不超过 4 次，如果超过这个范围，即可视为启动频繁。制冷压缩机的频繁启动，可造成很多不良影响，一是导致运转时间延长，再就是由于压缩机启动时的电流要比额定电流大好几倍，这样将使电耗增加，同时也使家中其他电器的使用受到影响。而且由于惯性将使压缩机各运动部件之间的磨损加剧。这些都直接影响电冰箱的使用寿命，严重时还将可能导致电动机烧毁。

制冷压缩机启动频繁的原因大致有三个方面：

温度控制方面：温度控制器动作差额太小，可重新调节差额螺丝，使动作差额值适当增大；温度控制触点失灵，跳动弹簧失灵，可修理与校准温控器零件，必要时更换新的温度控制器；温度控制器的感温包安装位置不当，感温包应紧贴安装在蒸发器的出口处。

制冷系统方面：制冷系统内制冷剂的重量过多，压缩机运转时超负荷而使保护断电器频繁动作，以致制冷压缩机频繁启动，这就得重新充注制冷剂，使制冷剂的充量符合要求；制冷系统内出现堵塞现象，时通时堵，彻底清除系统中的污物；箱体保温性能低，门封条变形、老化，使箱门关闭不严。在较潮湿天气箱体外表结露珠，须修理更换门封条，必要时翻新保温材料。

电源电压方面：电源电压过高或过低，启动继电器不能释放或不能吸合，致使热保护器跳开。这时，要检查电源电压是否超出或低于额定值过多，电压波动范围一般应在额定值的 $-15\% \sim +10\%$，必要时安装电源电压保护器；启动继电器或过载保护继电器与电动机不匹配，或者修理时未调整好，使制冷压缩机在正常工作情况下也断开而启动频繁，这就应该更换与电动机相匹配的启动继电器和过载保护继电器，或者通过调整启动继电器和过载保护继电器的方法来使压缩机达到正常启动。

电冰箱制冷压缩机频繁启动的原因是多方面的，具体情况要具体判断。有些也可能是几种原因的综合反应，这就需要根据情况一一排除。

环境温度对电冰箱的影响

电冰箱一般在15℃～39℃环境温度中运行。环境温度太高，制冷剂氟利昂压力随之增高，电机温度亦增高，超过温度极限还容易烧毁启动电容器，甚至烧毁压缩机电机。此外还影响冷凝器散热，使制冷效果下降。反之，环境温度太低虽然能达到制冷快、省电、自停时间长，但相对来说，电冰箱压缩机起动困难，压缩机亦容易磨损。因为环境温度低于15℃时，随着冷冻油黏度增大，压缩机的气缸与活塞间隙变小，相对的电机扭动活塞困难。因为润滑油的黏度不是一个常数，而是随着温度改变而改变的，气温高油质变稀，环境温度低油质变黏，在低温环境中运行油循环喷雾与润滑度都会改变。在过载保护器失灵的情况下，往往也会烧毁起动电容器，甚至烧毁压缩机。

目前市场上的电冰箱，在说明书上注明使用环境温度，一般在15℃～39℃之间。而人们在使用中往往只注意环境温度过高现象，而忽视环境温度过低现象，有的还专门将电冰箱安置在没有取暖设备的屋子里，尤其在南方，冬季室温一般在8℃～12℃，在环境温度过低的条件下使用，压缩机会经常产生故障。为防止环境温度过低造成压缩机起动困难的现象，可以在压缩机下部，紧贴机壳加上一圈10瓦电热匣，并设绝缘层保护防止漏电。在机座下方安装一个加热器电门，在环境温度低于15℃的时候，可以将电热匣的电门开启，使冷冻油升温。这样，即使在10℃以下低温环境中，电冰箱压缩机也能正常运行。特别是长期在低温室内的电冰箱，只要将油温预热开启2小时以后，再将电冰箱启动运转。这样，将能保证电冰箱正常启动运转，延长电冰箱使用寿命。

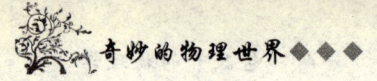

电冰箱会产生噪声的原因

一台电冰箱突然噪声变大，或一台新买的电冰箱的噪声很大，都是有一定的原因的。这种噪声可以用听、看或摸的办法自己检查。听就是听声音的部位，噪声是来自上部、下部或内部；看就是看某个部件是否有互相撞击而导致噪声；摸就是摸冷凝器、毛细管压缩机等，同时有意识地抬或压某个部位。当抬或压某个部位时声音突然变小，则可采取相应对策，用聚氨脂泡沫塑料塞紧或用绳索捆紧等办法消除。例如：

一台电冰箱经过搬动噪声突然增大，经检查是由于毛细管与冷凝管撞击所致，分开后，噪声即消失。

一台使用多年的电冰箱噪声增大，经检查噪声来自冷凝器，用手压冷凝器下部，噪声可恢复正常。经检查冷凝器固定螺钉松动，固定好后噪声即恢复正常。

采用百叶窗式冷凝器的电冰箱，在开机或停机时，发出"格格"声，可用环氧树脂或其他胶粘剂粘结，使冷凝管与百叶窗板不致因升温或降温时产生位移。

一些单开门电冰箱，有时发出一种炸裂声，原因是经过半自动化霜后，蒸发器上留有一层水，重新启动后，这些水结成冰，随着电冰箱的起停，蒸发器温度随之变化。由于金属与冰块膨胀系数不同，冰块就易炸裂而发出声音。这种毛病，比较好办，改变一下化霜方式即可消除。一种办法是利用冰箱内没有鲜鱼（肉）时将电源拉掉，等到第二天霜全部化完后，擦干蒸发器上全部水分。第二种办法是将鲜鱼（肉）搬到冷藏室，用毛巾盖好，用电吹风机将蒸发器上的霜全部化掉擦干。对于残留在蒸发器顶上的水，可将电冰箱适当左右倾斜，使水从两边流下来。在蒸发器干燥的条件下，电冰箱重新启动，蒸发器上结的是一层霜而不是积水，因而也就不会发出炸裂声。

一台电冰箱声音大，经检查未发现震源，这时，如果用手使劲抬拉冷凝器下部，声音变小，或用一块聚氨脂泡沫塑料塞入冷凝器与箱壁之间，声音也变小，这可能是压缩机运行震动导致冷凝器共震所致。

由于电冰箱未摆平，箱内部件或碗具等未摆好而导致噪声增大，这种问题是很容易解决的。由于压缩机质量差，噪声超标时，只有用更换压缩机的办法来解决。

电冰箱中也会结霜

使用过电冰箱的人都知道，电冰箱蒸发器上常常会结上一层厚霜，这主要是冷热湿空气相交而产生的一种现象。这和寒冷的冬天，人们从温暖的屋内走到屋外，嘴里吐出的热气和外面的冷空气相遇在眼睫毛上结霜的情况相似。

电冰箱中的水汽来自何处呢？主要来自箱外的暖空气。在开电冰箱门时，箱外的暖空气便乘隙而入，或因电冰箱门封不严，漏入了暖空气。另外，食物存放时的水分蒸发，也是水汽的来源之一。

我们知道，霜是热的不良导体，如果蒸发器表面结有厚霜，将对蒸发器冷量的传递不利，吸热效率降低，温度就降不下来，这样，就会增加耗电量和压缩机的运转负担，缩短电冰箱的使用寿命。

有时，冰箱里结的是冰，不是霜，这是怎么回事呢？其实，冰和霜都是水的一种固体形式。只是当温控器的旋钮打在弱冷点和强冷点之间的任一点，箱内温度的上限（起车温度）在0℃以上，当蒸发器温度超过0℃时，表面的霜就融化成水，当温度达到下限时（停车温度），水就被冷却成冰。如果温控器的旋钮打在强冷点或接近强冷点，就不会出现结冰现象，只能是结霜。冰也是热的不良导体，同样会防碍蒸发器的吸热，也应同化霜一样及时除去。

怎样才能减少结霜呢？

要尽量减少开门次数和时间,注意开门的角度。尤其是高温高湿的雷雨天气,更要注意。

经常检查门封是否严密和平伏。其方法是在冰箱正常关闭时,用一片宽50毫米、厚0.08毫米、长200毫米的纸条,垂直插入门封的任何一处,纸条不能自由滑落。如发现门封不好,应立即修复和更换。

水分较多的食物和经洗净沥干的新鲜蔬菜和水果,应用塑料袋包装之后,再放入冰箱中。这样,即可防止水蒸发,又可使蔬菜和水果达到保鲜目的。

一句话,要想节电和延长电冰箱的使用寿命,定期除霜是必不可少的环节。

电冰箱保存食品的原理

在冷冻器具中,家用电冰箱是为了冷藏或冷冻食品而设计的一种家用电器。

保存食品的方法很多,如干制法、腌制法、酸制法、高温消毒法、冷冻法等。用冷冻法可以最大限度地保持食品的原有风味、营养价值、外形、色泽及新鲜程度。这是因为在低温条件下,微生物会丧失活力,酶的分解作用受到抑制,从而使食品的腐败作用减弱。电冰箱就是根据这种原理,通过机械制冷,人为地在冰箱内造成局部低温环境,用以较长

电冰箱食品保存

时间地贮藏食品。

电冰箱是怎样制冷的呢？

液体在蒸发时要吸收热量。冰箱就是利用某些液体（称为制冷剂）在蒸发过程中吸取周围物体的热量而制冷的。

冰箱制冷方式，有压缩式、吸收式、电冷式等多种。压缩式电冰箱使用方便，安全可靠，目前生产的电冰箱大都采用压缩式。

压缩式的制冷原理是：由电动机带动压缩机，将制冷剂（氟利昂）压缩成高温高压气体，送到冷凝器内，将热量传给管外的空气，冷凝成液体，再通过毛细管进入箱内的蒸发器，吸收箱内食品的热量，蒸发成低压气体，然后回到压缩机内，完成一个循环。

吸收式的制冷原理是：以煤气火焰（或电热）为热源，加热制冷系统的发生器，使氨水混合液中的氨液蒸发，形成氨蒸气。氨蒸气到达冷凝器后，将热量传给管外的空气，冷凝成氨溶液。

接着进入蒸发器，吸收冰箱内食品的热量，变成氨蒸气。此后，氨蒸气进入吸收器，再与水混合成氨水混合液，然后由溶液泵送回发生器，完成一个循环。吸收式冰箱的优点是成本低，工作时没有震动和噪声，但制冷效率低，故使用较少。其他如电冷式等制冷方式，在家用电冰箱中很少采用。

不同种类的食品要选择相对应的温度位置

电冰箱中不同部位的温度是不一样的，一般离蒸发器越近，温度越低。

不同食品最适宜的冷却冷藏温度也各不相同，如鲜肉在 $-2℃ \sim 0℃$ 的冷藏温度较适宜，而苹果在 $2℃ \sim 6℃$ 较适宜。因此，在电冰箱内冷却冷藏食品时，应根据食品的最适宜冷藏温度，选择相对应的温度位置。

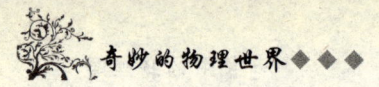

部分食品的最适宜冷藏温度

食品名称	冷藏温度（℃）	食品名称	冷藏温度（℃）
鲜鱼	1～2	牛奶	2～5
鲜肉	−2～0	啤酒	6～8
牛肉	2～3	生啤酒	2～4
禽肉类	−1～1	蛋品	2～5
肉食加工品	−1～1	干食品	2～6
火腿	2～6	蔬菜	1～8
黄油	4～7	苹果	2～6

食品放在电冰箱的冷藏室内，超过一定时间，新鲜程度会逐渐降低；再延长存放时间，便会变质。因此，还应该掌握食品存放期限，尽量在存放期限内早日食用。不同食品在电冰箱内的冷藏期限见下表。

不同食品在电冰箱内的冷藏期限

种类	食品名称	冷藏期限	说　　明
肉类	牛肉	2～3日	用塑料薄膜食品袋封装好
	猪肉	3～4日	
	鸡	1～2日	
鱼类	鲜鱼	2～3日	鲜鱼取出内脏洗净后，放入少量食盐，再装入塑料食品袋封装好；鱼块和鱼片也应装入塑料食品袋封装
	鱼块	2～3日	
	鱼片	1～2日	
加工食品	火腿、腊肠	3～4日	用塑料袋封装
	豆腐	2日	放入存有水的容器中
乳制品	牛奶	5～6日	尽量早食用，特别是奶油开封后，更要尽量早食用
	奶油	2周	
蔬菜类	西红柿	3～5日	洗净用塑料袋封装
	一般青菜	3～7日	
蛋类	鸡蛋	7日	放入蛋架内，周期更换食用

表中冷藏期限均指冷却冷藏，并能保持食品的鲜度，鱼肉类食品若放入冷冻室采用冻结冷藏，存放期限会相对增长。

电冰箱为什么要设置箱体门口外表除露装置

冰箱门口部位隔热层较薄，当冰箱使用环境的相对湿度较高时，箱内的低温可能使门口低于露点温度。因此，门口外表面就凝附露珠，既不美观，又破坏漆层，凝露过多时，露珠甚至滴在地板上。为了防止这种凝露现象发生，通常在电冰箱门口部位的内表面，设置一套除露加热装置，防止环境湿度较大时门口外表面凝露。

除露加热装置一般有两种方式。一种是在门口内表面敷设一层电热丝，其功率约十几瓦，由细镍铬线缠绕在多股玻璃芯线上，外套一层塑料绝缘层构成。为了节省电能，加热丝经除露开关与电源接通。仅当环境温度较高时，才将除露开关接通。

电热除露结构复杂，手动操作麻烦，又耗电能。为了克服这些缺点，近年来出现了另一种除露方式，即利用高温高压制冷剂循环除露的方式。这种除露方法节省电能，不用人工操作，实现了自动控制，并且还改善了制冷系统的冷却效果。

电冰箱停机时为何有流水声

电冰箱是利用液态制冷剂在压力骤然降低时，会迅速蒸发成气态并吸收周围的热量来达到制冷降温目的的。电冰箱采用的制冷剂，通常是一种叫氟利昂的液体。电冰箱工作时，压缩机将蒸发器内已吸收了热量而变成气态的气体制冷剂，压缩成高压气体，送入冷凝器中冷却，使之成为高压液体，再在压缩机的动力驱使下，经节流阀（又名膨胀阀）送入蒸发器，在蒸发器内，由于压力骤然下降，高压液体便迅速沸腾蒸发并大量吸收周围的热量而成为气体。在这以后，气体制冷剂再回到压缩机，这样周而复始地进行循环，使冰箱内的温度下降，从而达到制冷的目的。电冰箱的工作一停止，制冷系统中的液体制冷剂就不再由液体变成气体。这时，液态的制冷剂就顺着管道向下流动，发出液体在管道中流动的声响。

利用这个声响，我们就可以判断出制冷系统中制冷剂的多少。如果流水声极细微，表明制冷剂减少了，需要进行检查或补充了。

倘若不是流水声，而是噪声，那就是另外一回事了。电冰箱产生很大噪声的原因可能是：安装电冰箱的地面不平，应重新垫平；固定压缩机的螺钉松动，应重新紧固；冰箱底下的接水盘安装不紧，设法重新紧固或调整位置；制冷系统管路之间、管路与箱壁之间相互碰击，应重新调整或用布缠上，使其不发生碰撞；电源电压低于220伏的15%，电机启动不起来；机件、部件损坏等。

电冰箱的放置时要选择合适的地方

电冰箱制冷是人为地造成一个局部低温环境。为了实现冰箱制冷，在电冰箱中设有一个蒸发器，并使低压液态制冷剂（如氟利昂－12，其沸点为29.8℃）不间断地流入蒸发器。制冷剂在蒸发器里沸腾蒸发需要吸收热量，而这热量只能由冰箱中存放的物品提供，所以电冰箱能够降低被存放物品的温度。为了不间断地向蒸发器注入制冷剂，必须供给能量。这一过程在压缩式电冰箱中，将由压缩机消耗电能来实现。在吸收式冰箱中靠电热管耗电或煤油、煤气燃烧释放热能来实现。

安置电冰箱前，要认真阅读电冰箱使用说明书，严格按说明书的各项要求办事。

电冰箱要安置在空气流通、干燥、室温比较低的房间里。避免阳光直射，不要靠近暖气、火墙、火炉子等热源。因为电冰箱运行时，背部的冷凝器不断向外界空气散发热量，这就要求它周围的温度低，并保证空气流通。倘若通风不良，靠近热源或受太阳光直射，则不利于冷凝器散热，从而使冷凝器内制冷剂的温度相对增高，致使蒸发器的制冷效果降低，迫使压缩机不停地运转，既增加了电能的损耗，又会缩短机件的使用寿命。

电冰箱背部冷凝器与墙壁的距离要在30厘米以上，以保证空气流通，易于散热。电冰箱背后不得堆放物品，更不要接触洗碗池等水源，避免损坏部件或引起锈蚀。

电冰箱的安置应竖直平稳，搬动时不得剧烈振动或翻倒。因为电冰箱的压缩机是用三根弹簧挂装在密封的金属容器中，搬运不小心，有使其脱钩的危险。另外，压缩机密封容器的底部充灌有适量冷冻油，用来润滑机件，若过分倾斜或倒置箱体，轻则影响冰箱制冷效果，重则妨碍系统中制冷剂循环，使电冰箱受到损害。我们了解了电冰箱的制冷原理和安置时的具体要求后，就可以为它选择适当的位置了。倘若你使用的是压缩机式电冰箱，噪声又不影响睡眠时，是可以放置在卧室里的。因为它是靠消耗电来制冷的，即使是制冷剂氟利昂泄露出来，由于它是无毒无味的，也不会对人体造成危害。如果你使用的是吸收式电冰箱，又使用煤气加热制冷，则不要放置在卧室里，以免发生意外。

搬运电冰箱时一定要小心

电冰箱是一种比较娇气的高档耐用消费品，不仅使用时要注意方法，搬运时也要特别小心。

电冰箱的包装上一般都写有搬运时倾斜不能大于45°的标记。这是为什么呢？因为电冰箱中的压缩机，多采用全封闭式压缩机，这种压缩机是把电动机的转子直接压装在压缩机主轴上，压缩机和定子固定在机座上，然后用三个弹簧吊装在密封的铁壳里，主要起固定和防震作用。

如果电冰箱在运输、搬运过程中，过度倾斜、倒放或强烈颠簸震动，

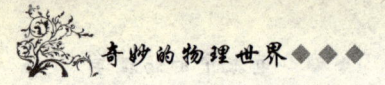

就可能使电冰箱发生以下几种故障：

造成压缩机内的弹簧变形甚至脱落，从而使电冰箱压缩机工作时产生很大噪声，甚至不能工作；使电动机在密封壳体内错位或移动；造成高压缓冲部件的破裂，使制冷剂从破裂处直接流入机壳内，影响制冷循环的正常工作；可能使壳体内的润滑油进入压缩机汽缸内的进气口，并在压缩机运转时进入汽缸内。因为液体是不可压缩的，因此工作时会使压缩机产生"液击"现象而损坏。

所以，在搬运电冰箱时，应该两个人同时从箱体的两侧底部抬起，始终保持垂直，并沿水平方向轻搬轻放。最大倾斜度不能超过45°。机械装卸也应如此。

电冰箱拆除外包装后，移动时切忌利用箱门、拉手、冷凝器等部位进行抓抬。因为电冰箱自身很重，上述部位承受不住整个箱体的压力，容易引起箱门或冷凝器移位、变形，甚至开裂，致使冰箱不能保温，制冷也就成问题了。

不能用电源插头代替开关的原理

有人出于爱护电视机的心理，常用插上、拔下电源插头的办法来代替"电源开关—音量旋钮"开、关电视机。

其实，这样做是不合算的。尽管这样可以延长电源开关的使用寿命，但是对于比较贵重的显像管、电子管、晶体管都是不利的。这是因为插头与插座之间，往往由于腐蚀、接触片松动等原因，造成插头与插座之间接触不良，在插上、拔下时容易引起打火，甚至不容易做到一次接通或断开电源。在刚接通电源时，显像管和电子管的灯丝是冷的，其电阻比正常点燃时小得多，这样，灯丝电流也就很大，形成对灯丝的冲击。电路通、断多次，就会产生多次冲击，使显像管和电子管的使用寿命缩短，甚至烧坏。另外，这种多次通、断还容易使比较"脆嫩"的晶体管损坏以致烧断保险丝。

而"电源开关—音量"电位器,其正常使用寿命可达几年以上。即使损坏了,换上一只新品也不费事。至于个别电视机的这个电位器,使用不长时间就出现旋转噪声或者开关失灵的现象,那是元器件本身的质量问题。

对于某些型号的电视机,其电源开关上还设有关机亮点消除装置,更不能用电源插头代替开关,否则,亮点消除装置就不起作用。

所以,对于一般电视机,看完电视节目,只要把电视机电源开关关掉就行了。但也有一些电视机,只要把电源插头插入电源插孔后,显像管的灯丝就亮了。当开启电源开关后,整机才全部开始工作。这类电视机用完后,应当拔下电源插头。下次再使用时,先把电源插头与电源接通,稍等一会儿,再开启电源开关;看完电视后,先关闭电源开关,再拔下电源插头。

日光灯也会对电视机产生干扰

日光灯是一种气体放电的灯,在它的玻璃管中间充有稀薄的惰性气体和极少量的水银,玻璃管内壁涂着一层薄而均匀的荧光粉,灯管两端是两根灯丝。灯丝发热就能发射出电子,这时如果在灯管两端加上一个高电压,就使得电流通过稀薄气体,形成气体放电,而产生一种紫外线;荧光粉在紫外线的作用下,就激发出光束。这一系列过程便对电视机产生了低频干扰。一般来说,低频干扰容易引起图像变化,在这个范围之内的电视机,图像的水平方向就会出现一条横向宽窄不一的黑带子;干扰严重的时候,这一黑带子还会朝上或朝下来回翻滚,有时还会使图像扭曲、失步。如果日光灯使用的时间长了,已经衰老或者有漏气现象时,这类干扰就会更加严重。

这种干扰,当电视信号比较强时不明显;电视信号弱时非常明显。同时,干扰的大小与电视机距离日光灯的远近及日光灯的功率大小有关。当日光灯管的功率大或距离电视机近时,干扰就厉害;当日光灯管的功率小

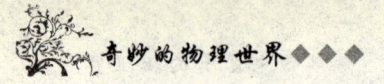

或距离电视机远时，干扰影响就小。所以，在收看电视节目时，最好不开启日光灯或不开启离电视机近的日光灯，以减少或消除干扰。

收音机、电视机开得响不一定就耗电多

收音机、电视机开得响就耗电多吗？这不能一概而论，要具体情况具体分析。

半导体收音机由于它里面的晶体管放大器具有电流放大作用，声音开得愈响，耗电就愈多。据测算，一般七管半导体收音机，不收台时，电流通常为10毫安左右，收台时将音量开得最响，电流可达到60毫安以上。

电子管收音机就不是这样了。因为它消耗的电能大部分是用来点燃电子管的灯丝以及供给电子管的各级电压，只要打开电源开关，不管是否收台或音量大小，所消耗的电能基本上不变。从保护电子管角度来看，音量开得大些倒有好处，电子管收音机的电能，一部分以热能的形式消耗掉，一部分变成声能从喇叭中传出去。音量开大时，用在喇叭上的能量增大，消耗在管子上的能量相应减小，使电子管的寿命延长。当然，音量也不宜太大，否则会引起声音失真，甚至震坏喇叭。值得注意的是，刚打开收音机时，音量不宜一下子开得太大，因为这时电子管的灯丝还没有得到充分预热，因而会缩短它的寿命。

对于电视机来说，音量开得越大，功耗也越大，特别是目前普遍采用的OTL方式的音频输出更是如此。

设计时，为了保证电视机的声音不失真，通常输出功率调得比较大，使用时不必达到设计的功率。通常每增加1瓦的高频功率，要增加3~4瓦功耗，因此音量要合理调节，不宜开得太大。音量开得太大，随着音量的提高，末级功率管和稳压管的功耗也增加，使晶体管发热量增加，从而影响了某些元件的寿命。音量太大还会增大失真，甚至引起图像抖动。

调光台灯为何会干扰收音机和电视机

有一些牌号的调光台灯，在家庭使用时，会使附近的收音机发出强烈的噪音，使电视机出现横条干扰，严重妨碍收听和收看效果。

调光台灯是使用电子器件进行无级调光的白炽台灯。所谓无级调光是指可以从明到暗或从暗到明连续而均匀调光，它具有节电、寿命长和能随心所欲选择亮度等优点。这类台灯使用的电子器件叫做双向可控硅，利用

调光台灯

电位器调节它的导通角，就达到了无级调光的目的。双向可控硅在工作过程中，每秒钟要交替开关 100 次，每次开关时都具有陡峭的开关波形，因此会产生较大的谐波干扰。这种干扰不仅可以辐射到附近地方，还能沿着电源线传播到较远的地方，甚至干扰邻居的收音机、电视机等。为了克服双向可控硅的干扰，一般在调节台灯中设计有吸收干扰的电路，但也有个别的产品忽略了这一点。

消除调光台灯造成的干扰并不难，在双向可控硅两端接上相串联的电阻和电容，就可以有效地吸收干扰。

静电也会对家用电器使用效果产生影响

在收音机、录音机的使用中，经常出现静电噪声的干扰声。半导体收音机多数使用密封的塑料可变双连电容器，由于在调谐电台时长期反复旋

转，动片与塑料介质薄膜便摩擦生电，使得调谐电台时发出"咔咔"的噪声，虽然可以用滴入无水酒精的方法去掉噪声，但隔一段时间又会旧病复发。现在已经研制出一种几乎不产生静电的塑料介质生产的新型双连电容器。录音机中也有类似的静电危害。如放音时，喇叭每隔一两秒就产生"叭"的一声，转录时，这种周期性的噪声也会被录进新磁带。这主要是因为录音机内部的塑料主导惯性轮与皮带摩擦产生、积累了静电。当静电向附近金属部件放电时，干扰就会通过线路放大，产生噪声。显然，研制导电塑料和半导体塑料制作主导惯性轮就可以解决这类问题。

家用计算机经常使用的软磁盘片是由涤纶制成的，早期生产的盘片（如匈牙利产）往往因为盘片与盘套摩擦带静电而导致存储的信息被破坏。现代软盘在盘套内衬有一层不会因摩擦生电的无纺布，使软盘信息可以保存许多年不变。无纺布在内衣服装行业中也以它无静电、穿着舒适而受到欢迎。